第3版 PHP

JN040470

いちばんやさしい
PHP
の教本

人気講師が教える
実践Webプログラミング

インプレス

著者プロフィール

柏岡秀男（かしおかひでお）

有限会社アリウープ 代表取締役であり、開発者、スクラムマスター、プロダクトオーナー。頑固な職人。PHPユーザ会発起人の一人。恒例のPHP初心者向けセミナーを多く担当している。開発に携わる人すべてがハッピーな世の中になるといいと思っている。

池田友子（いけだともこ）

有限会社アリウープ マネージャー、スクラムマスター。エンジニア向け技術研修のインストラクターを経験し、現在では企業内の初心者向けのシステム研修・パソコン研修を担当している。インフラ周りから、デザインまで社内ではさまざまな業務を押し付けられ悪戦苦闘の日々を送っている。

有限会社アリウープ

2003年4月から18年目を迎えるPHP開発の老舗。常にWeb開発の明日を見つめ、新たな技術力を磨き続けるWeb開発会社。企業向けの技術・システム研修も要望に応じて行っている。2017年には「明日の開発カンファレンス」を主催し、DevOps,CIにも力を入れている。スクラムの導入支援、開発、プロジェクト進行などの案件が増える中、経験を生かしたスクラム適用を得意としている。

○ Webサイト：https://alleyoop.jp
○ Facebook：https://www.facebook.com/alleyoop.jp
○ Twitter：https://twitter.com/alleyoop_jp

はじめに

おかげさまで2度目の改訂版を出させていただくことになりました。初版のころからPHPを取り巻く環境は大きく進歩し、PHP 8が使われるようになりました。また、Laravel（ララベル）などのPHPフレームワークから入門する人が増えたように思います。素のPHPを解説する入門書を手に取る人は少ないかもしれませんが、PHPの基本がわかるようになると別のプログラムを作るときなどに応用がききます。

改訂にあたっては、読者の皆さまからいただいたご質問とわかりづらいとご指摘のあった箇所の補足や修正、最近のPHPの書き方にあわせた改訂を行いながら、初心者でも理解が容易になるように工夫したつもりです。本書が皆さまのプログラミングの1歩目になり、その後の基礎になってくれることを願っています。

全体の内容は変わりがないように見えますが、内部はかなりの修正をいれてしまい、編集に携わった皆さまには多大なる労力を使っていただきました。インプレスの柳沼俊宏さん、リブロワークスの大津雄一郎さん、内形 文さんに感謝いたします。また、最新のPHP事情から初心者に何を伝えるべきかまで、熱く何度もディスカッションを行いレビューしていただいたひさてるさん、ありがとうございました。

技術の楽しさを教えてくれた父、柏岡 明に本書を捧げます。

2021年10月　著者を代表して

有限会社アリウープ

柏岡秀男

「いちばんやさしい PHPの教本 第3版」 の読み方

「いちばんやさしいPHPの教本 第3版」では、講師によるやさしい説明と豊富な図解で、はじめてPHPを学ぶ人でもつまずかないように「実践的なWebプログラミングの方法」を解説しています。

「何のためにやるのか」 がわかる！

薄く色の付いた解説パートでは、HTMLやPHPでWebサイトを作る際に必要な考え方や知識を解説しています。重要なポイントは講師が念押ししてくれるので、PHPへの理解を深められます。

タイトル
レッスンの目的をわかりやすくまとめています。

レッスンのポイント
このレッスンを読むとどうなるのか、何に役立つのかを解説しています。

講師によるポイント
特に重要なポイントでは、講師が登場して確認・念押しします。

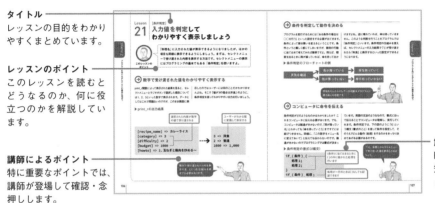

解説
PHPの大切なポイントや知識を画面や図解をまじえて解説しています。

「どうやってやるのか」 がわかる！

プログラミングのパートでは、1行1行の流れを丁寧に解説しています。行番号も付いているので、自分で入力しているコードと見比べながら進められます。

手順
番号順に入力をしていきます。入力時のポイントは赤い線で示しています。

Point
入力時の注意点や補足の説明をしています。

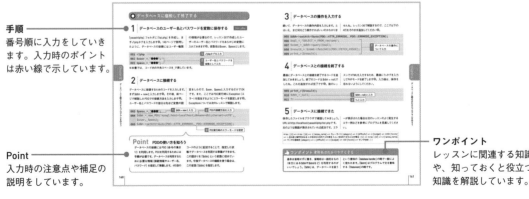

ワンポイント
レッスンに関連する知識や、知っておくと役立つ知識を解説しています。

※この本ではHTMLの一部を省略している場合があります。
※本書は2021年10月時点での情報を掲載しています。

Contents
目次

Chapter 1　PHPを学ぶ準備をしよう

page 9

Chapter

2 プログラムを作りながら
PHPの基本を学ぼう

page
75

Chapter

1

PHPを学ぶ
準備をしよう

PHPを使ったプログラミングをはじめる前に、PHPを入力するためのエディタを用意したり、PHPと密接な関係にあるHTMLに関して、必要な知識を身に付けたりしましょう。

Lesson 01

[PHPの役割]

PHPで何ができるのかを知りましょう

**このレッスンの
ポイント**

さっそくPHPについて学んでいきましょう。いきなり覚えることばかりではつらいので、まずはPHPを利用する目的から考えてみましょう。実は皆さんが普段利用しているいろいろなWebサイトで、PHPによるプログラムが活用されていますよ。

→ WebサイトはHTMLでできている

PHP(PHP:Hypertext Preprocessor、ピーエイチピー)は、より高機能なWebサイトを作るために活用します。そもそもWebサイトは何でできているのかは皆さんご存じですか? 基本的にはHTML(エイチティ

ーエムエル)という言語で書かれています。すでに知っている人は多いかもしれません。HTMLを知らないという人、後で解説するので不安になる必要はありませんよ。

▶ Webサイトを表示するためのHTML

HTML

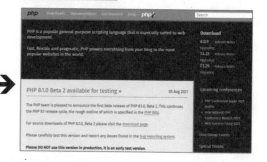

Webサイト

HTMLというルールの言語でWebサイトは表示されています。

→ Webサイトに必要なページを想像してみる

例えば、小さなレストランのWebサイトを想像してみてください。まずは入り口となるトップページがありますね。どんなレストランなのかの紹介ページもほしいところです。メニューも気になりますね。メニューのページも作りましょう。地図を掲載したページも必須ですね。

▶ 小さなWebサイトの構造

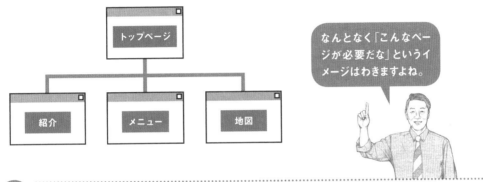

なんとなく「こんなページが必要だな」というイメージはわきますよね。

→ 小さなWebサイトならPHPは必要ない

では、「このWebサイトを実際に作るぞ」となると、どういうファイルを準備したらいいでしょうか? トップページ、お店の紹介ページ、メニューの掲載ページ、地図の掲載ページと4つのHTMLファイルを作れば完成ですね。こうした小さなWebサイトなら、PHPは必要ありません。では、もっと規模の大きなWebサイトではどうなるでしょうか? 次のページで見てみましょう。

▶ Webサイトに必要なファイルの数

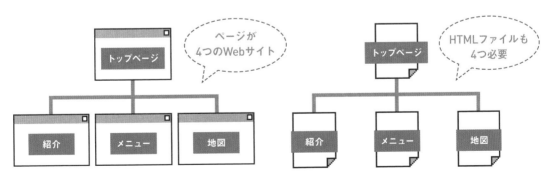

ページが
4つのWebサイト

HTMLファイルも
4つ必要

→ 大規模Webサイトは同じ方法では作れない

さて、今度はもっと規模の大きなWebサイトをイメージしてみましょう。いろいろなレストランのレビューがたくさん掲載されたグルメ情報サイトです。この

Webサイトは、どう作ればいいのでしょうか。何千個ものHTMLファイルを作りますか？ ちょっと現実的ではありませんよね。

▶ 大規模Webサイトの場合

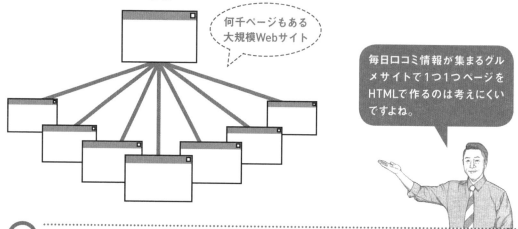

何千ページもある
大規模Webサイト

毎日口コミ情報が集まるグルメサイトで1つ1つページをHTMLで作るのは考えにくいですよね。

→ 自動でHTMLを書いてくれるPHP

ここで登場するのが「PHP」です。PHPとは、ざっくりいってしまうと、命令に応じてさまざまな動作をしてくれるプログラミング言語です。PHPを使えば、レビュー掲載ページ用のPHPファイルを1つ作ってお

けば、後は命令にしたがって、それぞれのレストランのレビュー掲載ページを自動で作ってくれます。これなら、何千個ものHTMLファイルを作る必要はありませんね。

▶ PHPによるプログラム

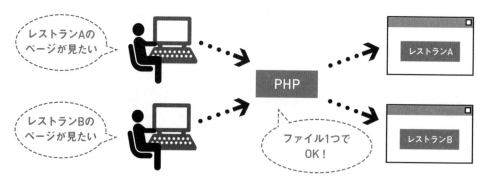

レストランAの
ページが見たい

レストランBの
ページが見たい

PHP

ファイル1つで
OK！

レストランA

レストランB

いろんなWebサイトでPHPが使われている

PHPを使えばどんなことができるか、イメージできましたか？ 皆さんがよく利用するようなあんなWebサイトやこんなWebサイトもPHPの技術で実現しているんですよ。PHPを利用しているWebサイトは全世界で1億以上あるといわれています。ワクワクしてきませんか？

▶ PHPを利用している主なサイト

さまざまな機能に応用できる

「そんな大規模なサイトを作る予定はない」と思う方もいるかもしれませんが、PHPは大規模なサイトを作るためのものではありません。例えば、問い合わせフォームやアンケートシステム、会社が持っているデータを検索する仕組みなど、さまざまな機能に応用できるのです。1つ1つかみ砕きながら解説していきますね。次のレッスンでは「プログラム」について、もう少し詳しく説明します。

▶ PHPで作成できる主なプログラム

検索システム

アンケート

問い合わせフォーム

> ルールさえ覚えれば、さまざまなプログラムを作成できますよ。

Lesson 02 ［プログラミングとは］

プログラミングの基本的な考え方を知りましょう

このレッスンの
ポイント

PHPはプログラミング言語だという話をしましたが、プログラムと聞くと、えたいの知れない難しいものだと感じてしまう人もいるでしょう。プログラムとは、簡単にいうと「考え方をコンピュータに伝えること」です。まずは例を見ながら、基本的な考え方を知りましょう。

→ プログラムは実はとっても身近

テレビの録画機能を思い浮かべてください。毎日指定した番組を録画する機能がありますね。この録画機能ではさらに以下の図のような3つのメニューを選択できます。例えば、朝の連続ドラマを録画するときは、毎日録画にしてしまうと放送のない日

曜日も入ってしまうので、月曜日から土曜日を選択します。これは、録画機能用のコンピュータに、条件を指定して考え方を伝えていることになります。これも1つのプログラミングです。

▶ 録画機能のプログラム

録画機能のメニュー

- ・毎日録画する
- ・月曜から金曜に録画する ・・・・・→
- ・月曜から土曜に録画する

録画用コンピュータ

決められた条件に
応じて録画を行う

「どんな条件でどんな行動をする」ということを決めるのがプログラムなのです。このプログラムを書くことを「プログラミング」といいます。

→ プログラミングは怖くない

「ある条件だったら何々をする」といった設定の積み重ねでプログラムは動いています。高度なプログラムでも簡単なものでも、そこは変わりません。先ほどのテレビ録画の例では日本語で条件と行動を指定しましたが、PHPの場合は主に英単語を用いた独自のルールで、プログラムを書いていくことになります。書き方さえわかってしまえば、自由に扱えるようになるので、安心して読み進めてください。

▶ PHPによるプログラムの一例

どんな条件のとき

```
if($_POST['category'] == '1') echo '和食';
```

どんな行動をする

左図のPHPは「1を取得したら、和食を出力する」という命令になります。

→ アルゴリズムって何？

プログラムの考え方として知っておきたいのが「アルゴリズム」です。アルゴリズムとは効率のいい考え方をプログラムに伝えることです。例えばコインが何枚入っているかわからない袋を持っていてそれを5人に分けるにはどうしますか？「袋の中身をまず数えてから分け方を考える」「1人に1枚ずつ順番に配っていく」などさまざまな方法がありますね。プログラムを書くにはこの方法を考えなければいけません。

▶ 効率のいいプログラムを考える

1枚ずつ配布を繰り返す

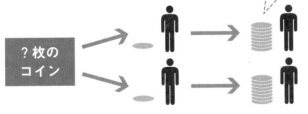

?枚のコイン

枚数をカウントしてから分配

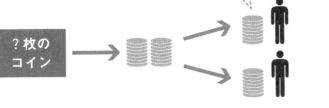

?枚のコイン

PHPには順番を入れ替える、繰り返し同じ動作をするなど便利な命令がたくさんそろっているので、これらを組み合わせてプログラムを考えます。

Lesson 03 [PHPとは]
PHPとHTMLの違いを知りましょう

**このレッスンの
ポイント**

プログラミングの面白さは感じていただけましたか？ それでは
PHPでプログラミングをするというのはどういうことなのか、レッ
スン1で話に出てきたHTMLとの関係性を確認しながら解説してい
きましょう。

→ HTMLは常に同じ内容を表示する

そもそもHTMLとはどういうものかを確認しておきま
しょう。HTMLとは、Webサイトを表示するための
言語です。書き方はレッスン7で解説しますが、こ

こで覚えておきたいのは、HTMLファイルをブラウ
ザで表示すると、誰がどうアクセスしても同じWeb
ページの内容が表示されるということです。

▶ HTMLファイルの表示の仕組み

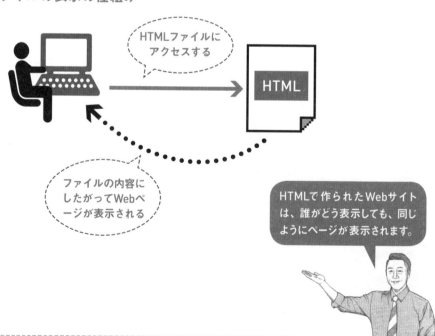

HTMLファイルに
アクセスする

ファイルの内容に
したがってWebペ
ージが表示される

HTMLで作られたWebサイト
は、誰がどう表示しても、同じ
ようにページが表示されます。

PHPは状況に応じて内容が変化する

PHPファイルにブラウザでアクセスしてもHTMLファイルと同じく、対応した内容が表示されます。ただし、大きな違いが1つあります。PHPは設定したプログラムによって、表示させる内容を変更できるのです。

条件AでアクセスしたユーザーにはAの内容を、条件BでアクセスしたユーザーにはBの内容をといったように、プログラムに沿って表示する内容を変更できるのです。

▶ ユーザーの選択による内容の変化

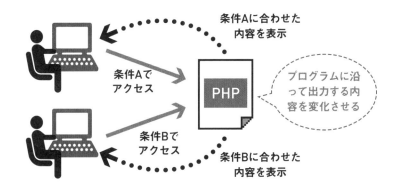

条件Aに合わせた内容を表示

条件Aでアクセス

PHP

プログラムに沿って出力する内容を変化させる

条件Bでアクセス

条件Bに合わせた内容を表示

PHPがWebサイトの機能を大きく広げる

HTMLとPHPの違いはわかりましたか? 例えば、ログインする人によって違うマイページを表示したり、トップページの最新情報を自動的に変更したり、不動産サイトのように検索する条件によって表示するページを変更したりといったことが、PHPなら実現

できます。逆に、HTMLだけで作成しているページの場合はいつ見ても内容は変化しません。PHPを組み合わせることで、サイトでできることが大きく拡張されるのです。

アクセスするたびに内容が変更されるようなページを「動的ページ」と呼び、逆に常に固定の内容が表示されるページは「静的ページ」と呼びます。

Lesson [HTMLとPHP]
04 HTMLとPHPの関係性を知りましょう

このレッスンの
ポイント

前のレッスンではPHPとHTMLの違いについて説明しました。でも、PHPとHTMLはまったく別物ではありません。PHPはHTMLとセットで動作するからです。ここで、切っても切り離せないPHPとHTMLの関係性を理解しておきましょう。

→ PHPとHTMLはセットで利用される

一般的にPHPはHTMLとの親和性が高いといわれています。下のコードを見てください。パッと見たところHTMLで書かれたファイルのように見えます。後述しますが「<?php〜?>」の部分がPHPで書かれた部分です。それ以外の内容は、通常のHTMLとまったく違いはありません。このようにHTMLと協調しながらPHPは実行されます。

▶ HTMLの中のPHP

ブラウザで表示すると「こんにちは」
と表示されるプログラム

```
001 <!DOCTYPE␣html>
002 <html␣lang="ja">
003 <body>
004 ␣␣␣␣<?php␣echo␣'こんにちは';␣?>
005 </body>
006 </html>
```

> PHPで書かれ
> ている部分

※本書では、コード内の半角スペースを␣で表しています。

HTMLの中にPHPモードとして書いていく

<?php～?>に囲まれた部分をPHPモードと呼びます。HTMLからPHPモードに入ってまた出る（もしくはHTMLに戻る）といったいわれ方もするので覚えておきましょう。また、ここで覚える必要はありませんが、「echo」というのは「文字列を表示する」という意味

を持っています。後ろの「'こんにちは'を表示せよ」と命令しているわけです。今は1行ですが、大きなプログラムを書いていくとPHPの部分は増えていきます。

▶ PHPモード

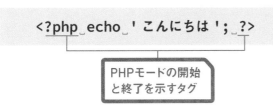

PHPモードの開始と終了を示すタグ

PHPはHTMLの中にPHPモードとして書く、ということだけ覚えておきましょう。

PHPからHTMLを出力できる

別の例を見てみましょう。この例の出力結果は実は左ページの例と同じなんです。左ページの例ではHTMLの中にPHPを記述していますが、この例ではPHPからHTMLを出力しています。HTMLとPHPが密

接な関係を持っていることがわかりますか？ はじめはこんがらがってしまうかもしれませんが、今の時点ではわからなくても大丈夫です。本書を読み進めていく中でちゃんと理解できるようになります。

▶ PHPからHTMLを出力

```
001 <?php
002 echo '<!DOCTYPE_html>'._.PHP_EOL;
003 echo '<html_lang=\"ja\">'._.PHP_EOL;
004 echo '<body>'._.PHP_EOL;
005 echo 'こんにちは';
006 echo '</body>'._.PHP_EOL;
007 echo '</html>'._.PHP_EOL;
008 ?>
```

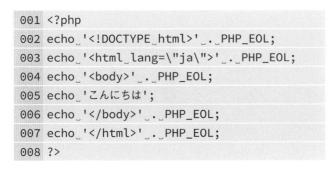

「PHP_EOL」は改行コードと呼ばれるものです。173ページであらためて説明します。

Lesson 05 ［エディタの準備］ PHPを記述するための エディタを用意しましょう

このレッスンの ポイント

PHPプログラムはテキストエディタを使用して編集します。そのために、パソコンにエディタをインストールしましょう。Windowsであればメモ帳というエディタがすでにインストールされていますが、プログラムを書くならもっと高機能なエディタの方が便利です。

→ 高機能なテキストエディタを手に入れる

プログラミングに適したテキストエディタをインストールして利用してみましょう。OSにもともと用意されているエディタを利用してもかまいませんが、プログラミングをするうえでは少し不便に感じると思います。例えば、高機能なエディタは、プログラミングの利用者向けにプログラムのコードの識別や色の設定、高機能な検索などの機能を持っている

ので、コードや関数が見やすくなり、作業効率が上がったり、入力ミスを防げたりといったメリットがあります。Windowsは次のページから、Macは23ページから、エディタのインストールといくつかの設定を行います。手順どおりに進めれば難しいことはありませんよ。

▶ Visual Studio Code（VS Code）
https://code.visualstudio.com/

コマンドやキーワードの強調表示ができ、行番号が表示されるものであれば、ほかのエディタでもいいですよ。

● VS Codeをインストールする（Windows）

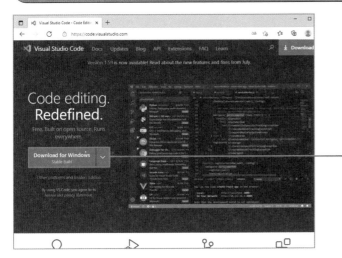

1 インストーラーをダウンロードする

1 VS Codeのページ（https://code.visualstudio.com/）を表示

2 [Download for Windows] をクリック

自動的にダウンロードがはじまる場合もあります。

2 ダウンロードしたファイルを実行する

1 [ファイルを開く] をクリック

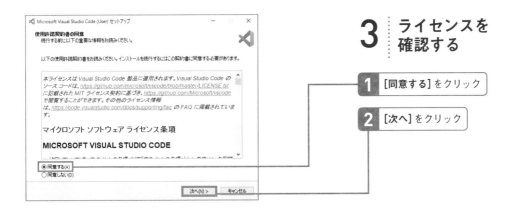

3 ライセンスを確認する

1 [同意する] をクリック

2 [次へ] をクリック

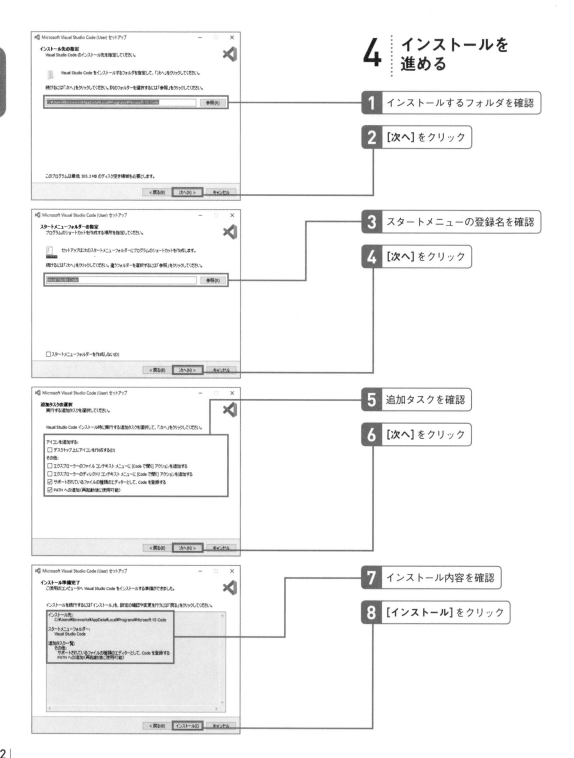

4 インストールを進める

1 インストールするフォルダを確認

2 [次へ]をクリック

3 スタートメニューの登録名を確認

4 [次へ]をクリック

5 追加タスクを確認

6 [次へ]をクリック

7 インストール内容を確認

8 [インストール]をクリック

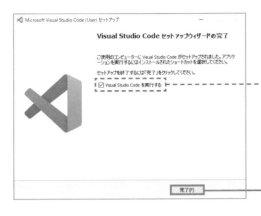

5 インストールが完了した

「Visual Studio Codeを実行する」にチェックマークを付けたままにすると、[完了] をクリック後にVisual Studio Codeが起動します。

1 [完了] をクリック

手動で起動したいときは、スタートメニューの検索ボックスに「VSC」と入力して起動させます。

● VS Codeをインストールする（Mac）

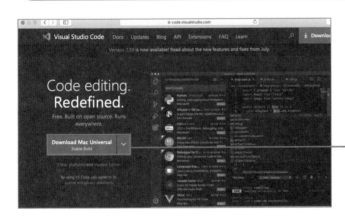

1 インストーラーをダウンロードする

1 VS Codeのページ（https://code.visualstudio.com/）を表示

2 [Download Mac Universal] をクリック

2 アプリケーションフォルダに移動する

1 ダウンロードした [Visual Studio Code] をアプリケーションフォルダに、ドラッグ＆ドロップで移動

3 VS Codeを起動する

1 [Visual Studio Code]をダブルクリック

> 初回起動時に、確認メッセージが表示される場合があります。その場合は、[開く]をクリックして進めてください。

● VS Codeを日本語化する(Windows、Mac共通)

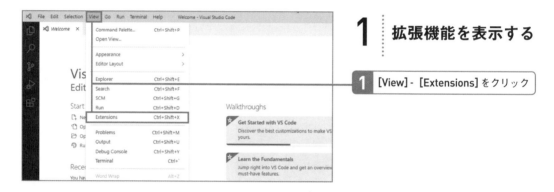

1 拡張機能を表示する

1 [View] - [Extensions]をクリック

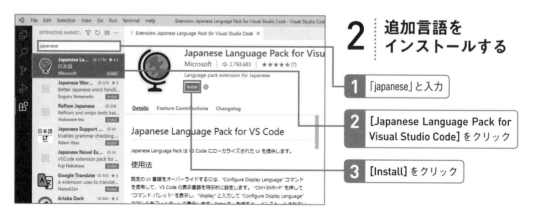

2 追加言語をインストールする

1 「japanese」と入力

2 [Japanese Language Pack for Visual Studio Code]をクリック

3 [Install]をクリック

を使用して、VS Code の表示言語を明示的に設定します。"Ctrl+Shift+P" を押して
"コマンド パレット" を表示し、"display" と入力して "Configure Display Language"
コマンドをフィルターして表示します。Enter キーを押すと、インストールされてい
る言語の一覧がロケールごとに表示され、現在のロケールが強調表示されます。UI
言語を切り替えるには、別の "ロケール" を選択してください。

詳細については Docs を参照してください。

貢献

翻訳改善のためのフィードバックについて
作成してください。その翻訳文字列は M
います。変更は Microsoft Localization Pla
vscode-loc リポジトリにエクスポートし

More Info

Released on 2018/5/10 13:15:00
Last updated 2021/8/11 9:20:57
Identifier ms-ceint1.vscode-language-pack-

⚙ In order to use VS Code in Japanese, VS Code needs to restart. ⚙ ✕

Restart

---

3 VS Codeを 再起動する

1 [Restart] をクリック

VS Codeを再起動すると、操作画面の文字
が日本語で表示されるようになります。

👍 ワンポイント 初回起動時の設定

VS Codeの初回起動時には、初期設定を行う画
面が表示されます。初期状態のままで問題ない
ので、[Welcome]をクリックして表示を閉じて
ください。なお、本書では操作画面を見やすく
するために、VS Codeのテーマカラー(色設定)
を白ベースの「Light」に設定しています。ほか
の設定を選択した場合、画面の色が異なるのみ
で表示内容自体に違いはありません。

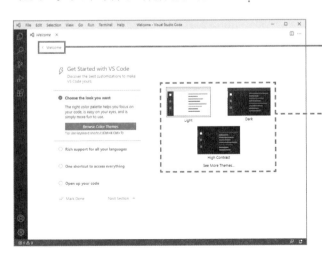

1 [Welcome]をクリックして、
初期設定画面を閉じる

本書では、テーマカラーを「Light」
に設定しますが、「Dark」もしくは
「Hight Contrast」のどれを選択し
てもかまいません。

● ワークスペースを作成する（Windows、Mac共通）

それでは、ワークスペースという作業用のスペースを作成します。ワークスペースを使うと、異なるフォルダにあるファイルをまとめて管理できるため、大変便利です。この後のレッスンで作成するファイルを管理するための「yasashiiphp」ワークスペースを作成しましょう。

1 保存先のフォルダを作成する

1 ドキュメントフォルダ内に、「workspace」という名前のフォルダを作成

> Masの場合は、書類フォルダ（Documentsフォルダ）に作成してください。

2 ワークスペースにフォルダを追加する

1 ［ファイル］-［フォルダーをワークスペースに追加］をクリック

3 フォルダを選択する

> 手順1で作成した［workspace］フォルダをワークスペースに追加します。

1 ［workspace］フォルダをクリック

2 ［追加］をクリック

4 ファイルの作成者を信頼する

1 [はい] をクリック

5 選択したフォルダが追加される

ワークスペースに [workspace] フォルダが追加されます。

6 ワークスペースを保存する

1 [ファイル]-[名前を付けてワークスペースを保存]をクリック

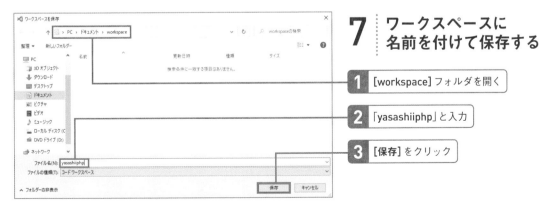

7 ワークスペースに名前を付けて保存する

1 [workspace] フォルダを開く

2 「yasashiiphp」と入力

3 [保存] をクリック

8 ワークスペースに名前が付いた

ワークスペースに名前が付きます。

✋ ワンポイント ワークスペースを開く

VS Codeを開くと最後に表示していたワークスペースが自動的に表示されます。ワークスペースが表示されない場合は、エクスプローラーを表示し、メニューの［ファイル］から保存したワークスペースを開いてください。

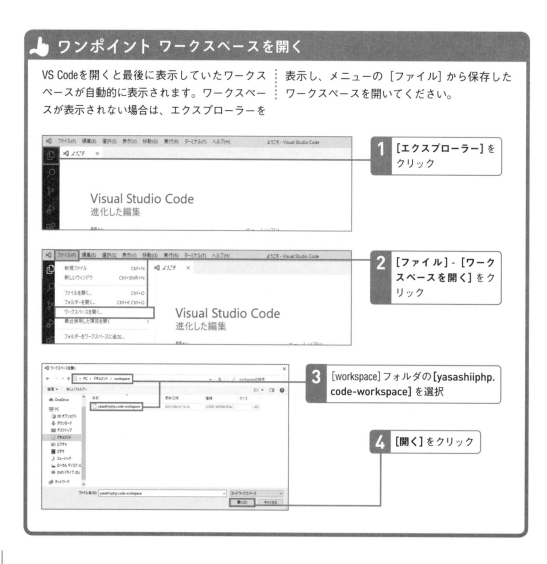

1 ［エクスプローラー］をクリック

2 ［ファイル］-［ワークスペースを開く］をクリック

3 ［workspace］フォルダの［yasashiiphp.code-workspace］を選択

4 ［開く］をクリック

● ファイルの拡張子を表示する

WindowsもMacも初期状態では、VS Codeのエクスプローラー以外の画面で、ファイルの種類を識別するための「拡張子」が表示されません。拡張子がわからないとファイルを見つけにくいだけでなく、index.txtとindex.phpのように拡張子だけが違うファイル名の場合に違いがわかりません。拡張子は必要に応じて表示するようにしておきましょう。

▶Windowsでファイルの拡張子を表示する

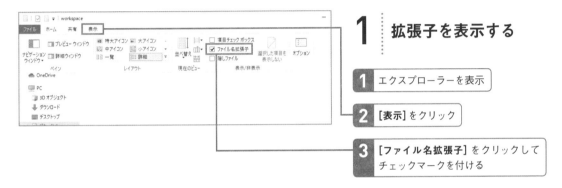

1 拡張子を表示する

1 エクスプローラーを表示

2 [表示]をクリック

3 [ファイル名拡張子]をクリックしてチェックマークを付ける

▶Macでファイルの拡張子を表示する

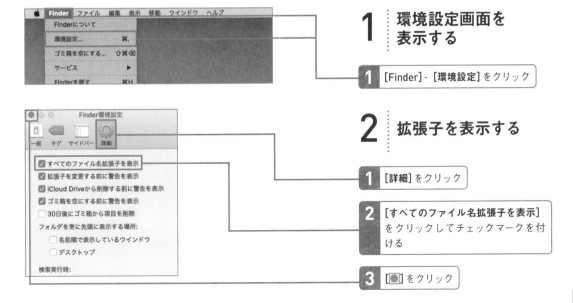

1 環境設定画面を表示する

1 [Finder]-[環境設定]をクリック

2 拡張子を表示する

1 [詳細]をクリック

2 [すべてのファイル名拡張子を表示]をクリックしてチェックマークを付ける

3 [●]をクリック

Lesson 06 ［文字化け対策］ 文字コードを設定して 文字化けを防ぎましょう

このレッスンの
ポイント

テキストエディタのインストールと拡張子の表示設定ができたところ
で、次に文字化けを防ぐための設定をしていきましょう。文字化けは
PHPをはじめる人がつまずきやすいポイントの1つですが、設定さえ
ちゃんとしていれば、特に面倒なものではありません。

→ 文字化けって何？

コンピュータは入力された日本語をどうやって理解
しているのかご存じですか？例えば「おはよう」と
入力した場合、コンピュータはこの文字を数字の組
み合わせに変換して認識します。この変換された数
字のことを「文字コード」といいます。やっかいなこ
とに日本語を扱う文字コードにはShift_JIS、EUC-

JP、UTF-8などいくつもの規格があり、エディタで
作成したHTMLファイルやPHPファイルの文字コー
ドと、これらのファイルを配置するサーバ側の文字
コードが同じでないと、WebブラウザでHTMLファ
イルを表示した際に文字が正しく表示されないこと
があります。この状態を「文字化け」といいます。

▶ 文字化けの仕組み

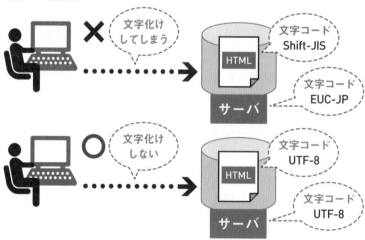

文字コードは「UTF-8」がおすすめ

では、どの文字コードで統一すればいいのでしょうか? 本書では「UTF-8」という文字コードをおすすめします。UTF-8は世界で使われているさまざまな国の文字を扱える文字コードとして考えられた「Unicode」という規格の1つで、現在公開されているWebサイトの多くがこのUTF-8を採用しています。インターネットに公開するWebサイトを表示するための文字コードは、この世界で標準となっているUTF-8にしておけば文字化けの心配はないでしょう。

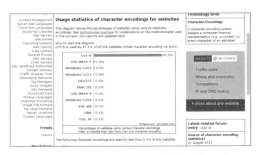

W3Techsの調査によると、UTF-8を採用したページが全体の90%を超えているそうです。

▶ W3Techs - World Wide Web Technology Surveys
https://w3techs.com/technologies/overview/character_encoding

文字コードの設定場所は2カ所

文字コードの設定はどこですればいいのでしょうか? 次の2つが必要です。
・ファイルを保存するときの形式
・HTMLやPHPでの文字コードの指定
この2つを同じにするのがポイントです。VS Codeで作成したファイルは標準でUTF-8で保存されるため、特に設定は必要ありませんが、別のエディタを利用したり、ほかの人の作成したファイルを参照したりする場合などは注意が必要です。また、サーバ側の設定についても、PHP 5.6以降は初期値がUTF-8に変更されたので、本書の動作環境ではサーバ側の設定も不要です。

VS Code以外のエディタを使う場合は、各エディタのマニュアルなどを参照して設定してください。

Lesson 07

[HTMLとは]

HTMLに関して
必要な知識を身に付けましょう

**このレッスンの
ポイント**

PHPとHTMLが密接な関係にあることは、もうわかりましたか？
HTMLがなくてはPHPはWebページ上で何も表示できません。ここ
ではHTMLの基本を解説します。HTMLならわかるという方は、復習
と思ってお付き合いください。

→ そもそもHTMLって何？

HTMLとは「HyperText Markup Language」の略称で、インターネット上で文字や画像を表示したり、リンクを張ったりするための書式のことをいいます。皆さんが利用しているブラウザはこのHTML言語の書式を読み解き、Webページを閲覧しやすいように表示してくれているんです。

▶ WebページはHTMLファイルをもとに表示されている

HTMLファイル

Webページ

ブラウザがHTMLファイルを
読み取って、Webページを
表示しているんです。

ルールどおりに書けばOK！

HTMLを書くのは難しいことではありません。HTMLは決められた場所にルールどおりに書いていくだけです。ルールどおりに入力して、サーバの指定の場所に配置すれば、ブラウザがHTMLを解釈してその

ルールどおりに表示してくれます。逆に、うまく表示されないということはルール違反の書き方をしている可能性があるということです。

> ルールさえ知っておけば、誰でも書けるので安心してくださいね。

ひな形となるファイルを作成しよう

まずは、HTMLを記述するファイルのひな形を作成してみましょう。次ページからの手順で記述する内容はそれぞれ意味のある書式ですが、ここではただ書き写す気持ちでいてください。内容は次のレッスンで解説します。とりあえずHTMLを書いてみて、フ

ァイルを保存する。そして、ブラウザでWebページとして表示してみるという一連の流れを体験してみましょう。正しくファイルを作成できれば、下のようなWebページが表示されます。

▶ このレッスンで作成するページ

> まずは、ルールどおりに書けば、Webページとして表示されるんだということを実感してみてください。

● テキストエディタでHTMLを記述する

1 新規ファイルを作成する　新規ファイル

VS Codeで [yasashiiphp] ワークスペースに、新規ファイルを追加します。

1 [workspace] をクリック

2 [新しいファイル] をクリック

2 ファイル名を入力する

1 「index.html」 と入力し、[Enter]キー（Macの場合は、[return]キー）を押す

3 HTMLを記述する　index.html

下記の❶の内容を記述してください。1文字間違えただけでもうまく表示されません。間違えないように注意して入力しましょう。入力後は[Ctrl] + [S]キー（Macの場合は、[command] + [S]キー）を押して、保存します。

```
001  <!DOCTYPE_html>
002  <html_lang="ja">
003  <head>
004  ____<meta_charset="UTF-8">
005  ____<title>いちばんやさしいPHPの教本</title>
006  </head>
007  <body>
008  ____<h1>いちばんやさしいPHPの教本_HTMLの確認</h1>
009  </body>
010  </html>
```

1 コードをそのまま入力

※本書では、コード内の半角スペースを `_` で表しています。

● 作成したHTMLをブラウザで確認する

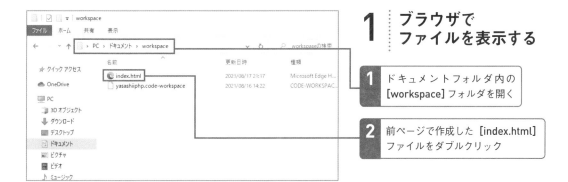

1 ブラウザでファイルを表示する

1 ドキュメントフォルダ内の[workspace]フォルダを開く

2 前ページで作成した[index.html]ファイルをダブルクリック

2 ブラウザでWebページが表示された

ブラウザに「いちばんやさしいPHPの教本 HTMLの確認」と表示されます。HTMLは決められた書式どおりに記述すれば、そのとおりに文字や画像を表示してくれます。

> 表示されない場合は、ファイル名に間違いはないか、htmlファイルに入力ミスがないかを確認しましょう。

👍 ワンポイント VS Codeのタグ自動入力

VS Codeを利用するとHTMLの閉じタグは自動的に入力されます。例えば、<html lang="ja">と入力すると、自動的に</html>タグが入力されます。紙面では、1行目から1行ずつプログラムを入力

していく流れで解説を進めていくので、閉じタグが自動的に入力された場合は、入力する行数を間違えないように気を付けてください。

Lesson

08

[HTMLの基本]

HTMLの基本的なルールを
身に付けましょう

**このレッスンの
ポイント**

レッスン7ではHTMLを正しく書けば、そのとおりにWebページが表示されるということを体験してもらいました。では、先ほど書いたHTMLはどういうルールに基づいて書いていたのか、詳しく解説していきます。

→ タグを使ってルールを指定する

HTMLでは「<>」の中にルール記述します。ルールの記述されたこの「<>」をタグと呼びます。下の図を見てください。タグには開始と終了を記すルールがあります。</>を記述すると、定めたルールがそこで終わるんです。つまり、<>〜</>で定めたルール

の間にページの情報や内容を書いていくのが、基本的なHTMLの書き方になります。ただし、改行を意味する
タグや画像を配置する際に指定する<img>タグのように、タグの中には</>で終了を示さなくていいものもあります。

▶ タグの終了と開始

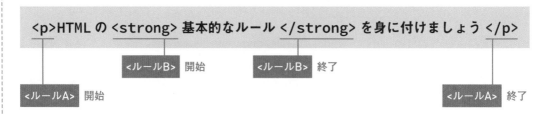

`<p>HTML の <strong> 基本的なルール </strong> を身に付けましょう </p>`

<ルールB> 開始　　<ルールB> 終了

<ルールA> 開始　　　　　　　　　　　　　　　　　　　　　　　　　　<ルールA> 終了

HTMLはタグを指定の場所に記載していけばそのとおりに表示されます。

HTMLで書いていますと宣言しよう

基本のルールはつかめましたか？ では、レッスン7で書いたHTMLの内容を上から順に見ていきましょう。まず最初に書いた「<!DOCTYPE html>」です。これは、このファイルはHTMLですということの表明です。かつてはバージョンや形式の表現分けがもっと細かくありましたが、HTML5以降は、その書き分けの必要はなくなりました。この記述でこの文章は、HTMLで書いていますよと宣言しています。HTMLで書く宣言をしたら次に<html>タグを記述します。HTMLの最上位は<html>にする決まりになっています。なお、HTMLのタグをたくさん記述していくと、どのタグがどこまで続いているのかわかりにくくなります。そこでタグごとに字下げ（インデント）をすると見やすくなるので、覚えておきましょう。使用するエディタによっては、自動的に入るインデントや空白行が異なります。本書では、<head>タグと<body>タグ内、PHPで書いたコードの{}内をインデントしています。

▶ HTMLで書いていることを宣言するタグ

「この文書はHTMLで書かれています」

```
<!DOCTYPE_html>
```

▶ HTML文書の大きな枠組み

```
<!DOCTYPE html>←HTMLで書いていますと宣言

<html>←最上位に記述するルール



</html>
```

大きな枠の中に書いていくことをイメージするとわかりやすいですよ。

➔ 2つのエリアに分かれていることを意識しよう

下の図を見てください。1つのWebページのHTMLで、記述するエリアが大きく2つに分かれています。それが「ヘッダ」と「ボディ」です。ヘッダ部分には、ページのタイトルなどの情報を書きます。一方で、ボディ部分には、実際に画面に表示される内容が書かれていることがわかります。HTMLでは、ページのタイトルの記述場所、文書の情報を紹介する場所、表示される文字や画像を記述する場所が決まっているんです。

▶ ヘッダ部分とボディ部分

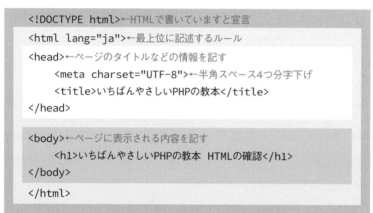

```
<!DOCTYPE html>←HTMLで書いていますと宣言
<html lang="ja">←最上位に記述するルール
<head>←ページのタイトルなどの情報を記す
    <meta charset="UTF-8">←半角スペース4つ分字下げ
    <title>いちばんやさしいPHPの教本</title>
</head>

<body>←ページに表示される内容を記す
    <h1>いちばんやさしいPHPの教本　HTMLの確認</h1>
</body>

</html>
```

ヘッダ部分とボディ部分の2つのエリアがあると確認しておきましょう。

➔ ヘッダ部分に書くべき内容を確認する

ヘッダ部分では、ページのタイトルや、仕組み、文字コードなどの情報をブラウザに知らせる場所です。<title>タグに書いた内容はブラウザのタブに表示されますが、それ以外は表示されません。例ではタイトルのほかに、文字コードはUTF-8を使っていますというお知らせを書いています。

▶ ヘッダ部分の記述例

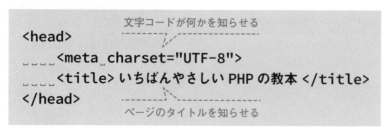

```
<head>
    <meta charset="UTF-8">     文字コードが何かを知らせる
    <title> いちばんやさしい PHP の教本 </title>
</head>
     ページのタイトルを知らせる
```

ブラウザにページの情報を知らせることがヘッダ部分の役割です。

ボディ部分にはページに表示する内容を書く

ボディ部分は、ページにアクセスした人の目に触れる実際にブラウザで表示されるページ内容を書く部分です。例では見出ししか書いていませんが、実際には、見出しの後に文章や画像などを追加してページができあがります。

▶ ボディ部分の記述例

```
                    見出しとして大きく表示される
<body>
    <h1> いちばんやさしい PHP の教本 _HTML の確認 </h1>
</body>
```

ボディ部分に何を書くかはページの内容次第です。次のレッスンで、ページの表示内容に使う主なタグを解説します。

見出しタグの扱いを確認しておこう

ボディ部分の記述に出てきた見出しタグの扱いについて確認しましょう。先ほどの解説に出てきた<h1>の「1」という数字は見出しの重要度を示します。1が一番重要な見出しです。下の図のようにh2、h3と数字を変えることで重要度が下がり、実際に画面に表示される文字の大きさが変わってくるのです。<h1>を文書の見出しとして設定し、その後は章の見出しに<h2>、さらに節見出しに<h3>を使います。<h1>タグや<h2>タグなどの見出しタグは複数使用できます。

▶ 見出しタグの役割

\<h1\> いちばんやさしい PHP の教本←文書の見出し

\<h2\>PHP を学ぶ準備をしよう←章の見出し

\<h3\>PHP で何ができるのか知りましょう←節の見出し

同じ重要度の見出しには同じ数字の見出しタグを使うということに気を付けましょう。

Lesson

09 ［HTMLタグの活用］
ページ内の表現に必要な
HTMLのタグを覚えましょう

**このレッスンの
ポイント**

続いて、ページの内容を作成するためのタグを覚えていきましょう。HTMLのタグはさまざまなものがありますが、ここではその一部を紹介します。タグの種類を理解できたら、実際に手を動かして、先ほどのひな形ファイルにHTMLを追加してみましょう。

→ <p>タグで段落を分ける

Webページでも、小説などの文章と同じように段落を分けることができます。この段落分けに利用するのがParagraph（段落）を意味する<p>タグです。以

下の図のように、<p>〜</p>タグで囲まれた部分を1つの段落として表示できます。

▶ **<p>タグのイメージ**

```
<!DOCTYPE html>←HTMLで書いていますと宣言

<html>←最上位に記述するルール

<body>

    <meta charset="UTF-8">←半角スペース4つ分字下げ

    <h1>いちばんやさしいPHPの教本　HTMLの確認</h1>

    <p>←段落を分ける

        段落を分けられます

    </p>

</body>

</html>
```

内容が多いページでは、いくつもの段落を並べることもできますよ。

<table>タグで表を作成する

HTMLで表示できるのは文章だけではありません。<table>タグを使えば、表を作成できます。細かな書き方はこの後43ページで解説しますが、以下の図のように、<table>タグの中で、セル（1つ1つのマ

ス目のこと）を示す<td>タグを、行を示す<tr>タグで囲むことで表の行を作成できます。タイトル行のセルは<td>の代わりに<th>タグを使います。これらのタグを組み合わせることで、表として表示できます。

▶ <table>タグの設計イメージ

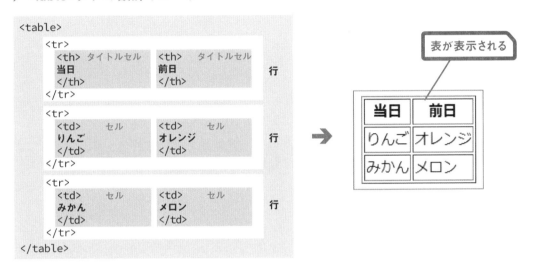

<a>タグでリンクを張る

<a href="URL">は、a=Anchor href=hypertext referenceの略でURLへのリンクを記述するときに利用します。書き方は簡単です。まずリンク先のURL

を「href="URL"」という形式で<a>タグの中に記述します。その後に、画面に表示されるリンクのテキストを入力します。

▶ リンクの設定

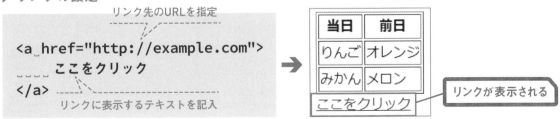

● 段落を設定する

1 <p>タグを記述する `index.html`

ここでは、レッスン7で記述したHTMLに追記していきます。「index.html」をエディタで開きましょう。段落を表示したい場合には<p>タグを使用します。<body>タグ内の<h1>〜</h1>タグの下に<p>タグを

入力します❶。続いて段落内で表示したい内容を入力しましょう❷。段落が終われば</p>タグを記述すれば完了です❸。

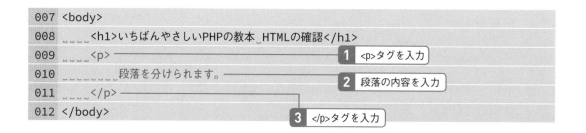

```
007 <body>
008     <h1>いちばんやさしいPHPの教本 _HTMLの確認</h1>
009     <p>                                    1 <p>タグを入力
010         段落を分けられます。                2 段落の内容を入力
011     </p>
012 </body>                          3 </p>タグを入力
```

2 段落が分かれて表示された

ファイルを上書き保存して、一度閉じます。続いてファイルをブラウザで表示します。見出しの下に、通常の文字サイズで文章が表示されました。<p>タ

グ内に入力した文章が1つの固まりとして表示されます。

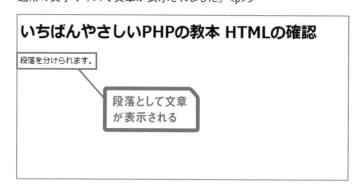

いちばんやさしいPHPの教本 HTMLの確認

段落を分けられます。

段落として文章が表示される

● 表を作成する

1 <table>タグを入力する　index.html

前ページの続きに表のHTMLを入力していきます。表は<table>タグではじめます❶。<table>タグ内にborder="1"と入力しておくと、表に枠線が表示されます❷。0にすると枠線が表示されません。見た目を

装飾するのはCSSという技術の領域で、タグで書くのは非推奨とされていますが、tableのborder="1"だけは許容範囲でしょう。本書ではレッスンを表の見た目をわかりやすくするために利用しています。

```
011 _____</P>
012 _____<table_border="1">
```

❶ <table>タグを入力

❷ タグ内にborder="1"と入力

2 表のタイトルとなる行を作成する

今回は41ページの図のように、3行×2列の表を作成します。まずは、1行目のタイトル部分を作成します。1行目の内容は<tr>～</tr>タグの中に入力し

ます❶。タイトルとなる内容は<th>～</th>タグで囲んで入力するので、2列分の内容を入力します❷。

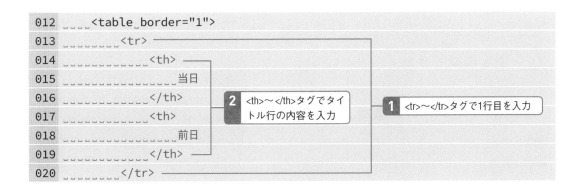

```
012 _____<table_border="1">
013 _____<tr>
014 _____<th>
015 _____当日
016 _____</th>
017 _____<th>
018 _____前日
019 _____</th>
020 _____</tr>
```

❷ <th>～</th>タグでタイトル行の内容を入力

❶ <tr>～</tr>タグで1行目を入力

3 | 表を完成させる

タイトル行ができたら、続いて2行目、3行目の内容を入力していきます。2行目も1行目と同じように、`<tr>`〜`</tr>`で囲むことで作成できます❶。タイトルではない通常の行の内容は`<th>`ではなく、`<td>`で囲んで入力します❷。3行目も2行目とまったく同じです。2行目の下に同じように入力しましょう❸❹。最後に、`</table>`タグを入力して表の作成を終了します❺。

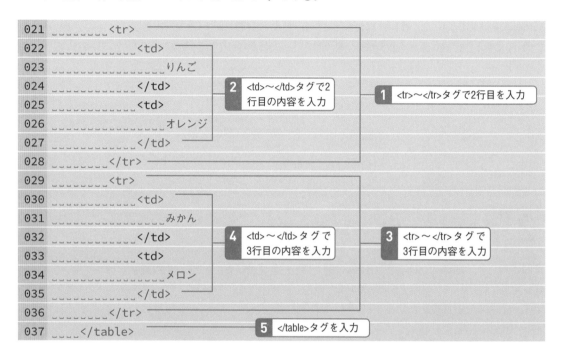

```
021         <tr>
022             <td>
023                 りんご
024             </td>
025             <td>
026                 オレンジ
027             </td>
028         </tr>
029         <tr>
030             <td>
031                 みかん
032             </td>
033             <td>
034                 メロン
035             </td>
036         </tr>
037     </table>
```

2 `<td>`〜`</td>`タグで2行目の内容を入力

1 `<tr>`〜`</tr>`タグで2行目を入力

4 `<td>`〜`</td>`タグで3行目の内容を入力

3 `<tr>`〜`</tr>`タグで3行目の内容を入力

5 `</table>`タグを入力

4 | 表を作成できた

いちばんやさしいPHPの教本 HTMLの確認

段落を分けられます。

当日	前日
りんご	オレンジ
みかん	メロン

ファイルを上書き保存して、一度閉じます。続いてファイルをダブルクリックしてブラウザで表示します。段落の下に表が表示されました。`<th>`タグで入力した部分が太字のタイトル行になっています。セルと行を組み合わせることで、表の行数と列数は自由に調整できます。

◯ リンクを作成する

1 <a>タグを記入する `index.html`

最後にリンクを作成してみましょう。リンクは<a>～
</a>タグの間に入力するんでしたね❶。<a>タグ内
にリンク先のURLを入力する必要があるので、ここ

では例として「href="http://example.com"」と入力し
ます❷。URLの部分は好きなページのURLを指定し
てもかまいませんよ。

```
037    </table>
038    <a href="http://example.com">
```
1 <a>タグを入力
2 href="http://example.com"と入力

2 リンクに表示されるテキストを入力する

リンクとして表示するテキストも自由に決められます。
<a>タグの後に表示したいテキストを入力しましょう

❶。最後に</a>タグを入力してリンクの作成を終了
します❷。

```
038    <a href="http://example.com">
039        ここをクリック
040    </a>
041 </body>
042 </html>
```
1 「ここをクリック」と入力
2 </a>タグを入力

3 リンクを作成できた

いちばんやさしいPHPの教本 HTMLの確認

段落を分けられます。

当日	前日
りんご	オレンジ
みかん	メロン

ここをクリック

ファイルを上書き保存して、一度閉じ
ます。ブラウザのリロードボタンを押
して再度表示してください。リンクが
表示されました。正しいURLを入力し
ていれば、クリックするとリンク先の
Webページに移動します。

Lesson 10 ［サーバのインストール］

パソコン上に設置できる
サーバを準備しましょう

**このレッスンの
ポイント**

レッスン9でHTMLファイルを作成しましたね。では、これを実際に
インターネットで公開して、誰でもアクセスできるようにするにはど
うしたらいいでしょうか？ このレッスンでは、Webサイトやプログ
ラムを公開するためのサーバを準備します。

→ ファイルの置き場所が必要

これまでのレッスンではパソコンにファイルを保存
していましたが、このファイルを実際にインターネッ
トでWebサイトとして公開するとなると話は変わりま
す。誰もがアクセスできるように、ファイルの置き

場所が必要です。この置き場所を「サーバ」と呼び
ます。下図のように、作成したファイルをサーバに
アップロードしておくことで、Webサイトを表示でき
るのです。

▶ サイトを表示する流れ

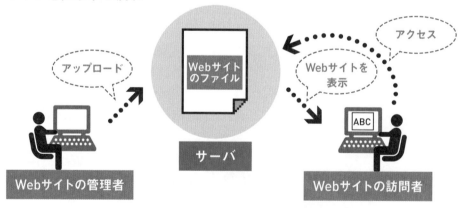

サーバを介してWeb
サイトは表示されてい
るんです。

サーバにはさまざまな種類がある

前ページではサーバという存在を大きな枠組みで説明しましたが、サーバにはさまざまな種類があります。代表的なものとして Web サーバ、データベースサーバ、メールサーバ、ファイルサーバなどがあり、皆さんも Web サイトを見たり、メールをやり取りし

たりする際に意識せずに利用しています。本書では、PHP のプログラムを動作させて Web ページを表示するための Web サーバと、必要なデータをデータベースから取り出したり、整理したりしておくデータベースサーバを利用します。

▶ 今回準備するサーバ

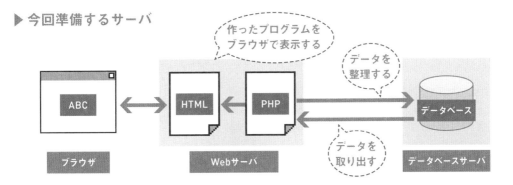

MAMPでサーバ環境を整えよう

ではサーバを用意しましょう、といっても自分でサーバ用のパソコンを買ってきてインターネットに公開するわけではありませんし、現在さまざまな会社が提供している「レンタルサーバ」のサービスを利用するわけでもありません。本書では自分のパソコンに簡単にサーバ環境を整えられる「MAMP」(マンプ)というソフトウェアを使います。これらをインス

トールすると、「Apache」(アパッチ) という世界中で利用されている Web サーバと「MySQL」(マイエスキューエル) という Apache 同様に世界中で利用されているデータベースサーバ、そして PHP などがまとめてインストールされるため、無料で簡単に PHP のプログラミングを試せる環境を用意することができます。

▶ 簡単に環境を用意できるMAMP

Apache (Webサーバ)	MySQL (データベースサーバ)	PHP
MAMP		

必要なものが
全部入り！

プロの開発現場でも、とりあえず自分が作成したプログラムが正しく動作するかどうか、MAMPなどを使って確認作業をすることがあるようです。

○ MAMPをインストールする（Windows）

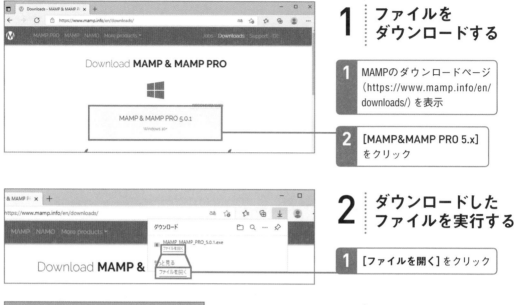

1 ファイルを
ダウンロードする

1 MAMPのダウンロードページ
（https://www.mamp.info/en/
downloads/）を表示

2 [MAMP&MAMP PRO 5.x]
をクリック

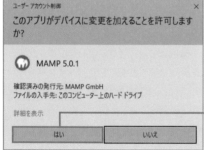

2 ダウンロードした
ファイルを実行する

1 [ファイルを開く]をクリック

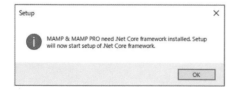

3 コンピュータへの
変更を許可する

1 [はい]をクリック

Point .NET Coreのインストールが求められたら

Setup

MAMP & MAMP PRO need .Net Core framework installed. Setup
will now start setup of .Net Core framework.

OK

MAMPのインストールには、.NET Coreという
フレームワークが必要です。フレームワーク
のインストールを促された場合は、指示に
したがって.NET Coreのインストールを行って
ください。

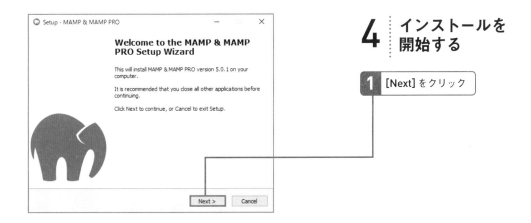

4 インストールを開始する

1 [Next] をクリック

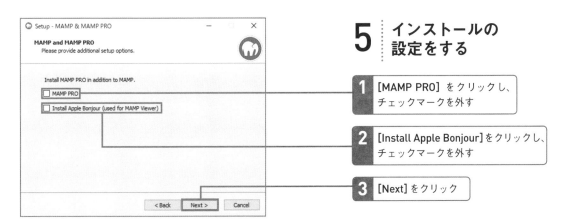

5 インストールの設定をする

1 [MAMP PRO] をクリックし、チェックマークを外す

2 [Install Apple Bonjour]をクリックし、チェックマークを外す

3 [Next] をクリック

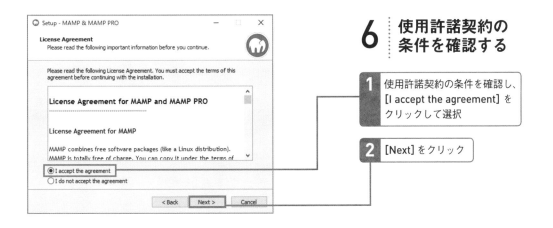

6 使用許諾契約の条件を確認する

1 使用許諾契約の条件を確認し、[I accept the agreement] をクリックして選択

2 [Next] をクリック

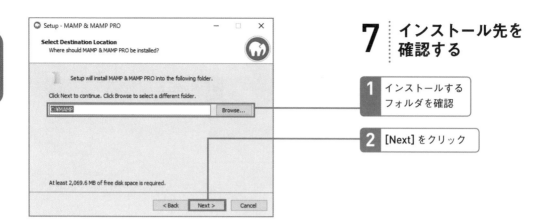

7 インストール先を確認する

1 インストールするフォルダを確認

2 [Next] をクリック

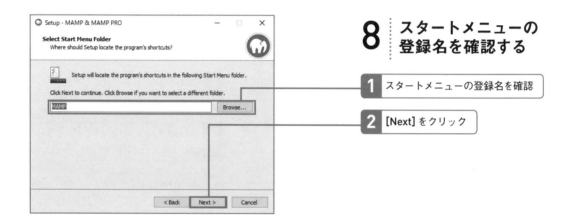

8 スタートメニューの登録名を確認する

1 スタートメニューの登録名を確認

2 [Next] をクリック

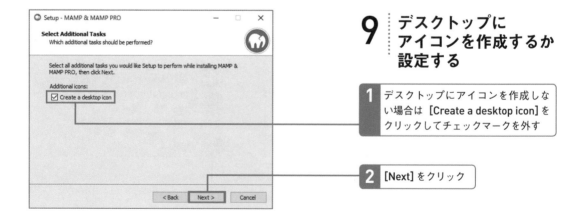

9 デスクトップにアイコンを作成するか設定する

1 デスクトップにアイコンを作成しない場合は [Create a desktop icon] をクリックしてチェックマークを外す

2 [Next] をクリック

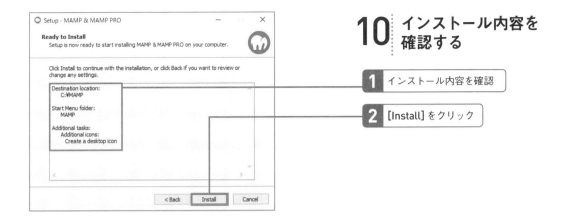

10 インストール内容を確認する

1 インストール内容を確認

2 [Install] をクリック

11 インストールが完了した

1 [Finish] をクリック

MAMPがインストールされました。

● MAMPのサーバを起動する（Windows）

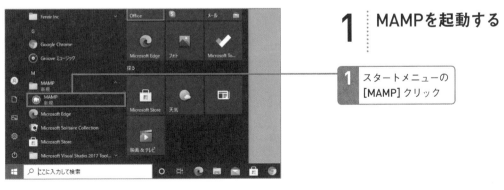

1 MAMPを起動する

1 スタートメニューの [MAMP] クリック

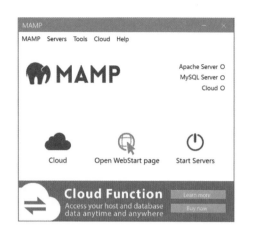

2 サーバが自動で起動される

1 しばらく待つと自動でサーバが起動する

自動でサーバが起動しない場合は [Start Servers] をクリックしてサーバを起動してください。

サーバの起動時に、アクセスの許可を求めるダイアログが表示された場合は、[アクセスを許可する] をクリックしてください。

Point ポートが使われていると表示された場合

「ポートがすでに使われている」と表示された場合は、[×] もしくは [Cancel] で画面を閉じた後、59ページのワンポイントを参考にポートの設定を行ってください。

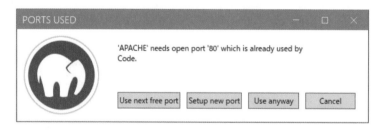

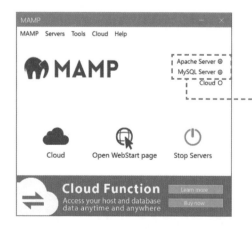

3 サーバが起動した

サーバが起動しました。サーバが起動すると画面右上の [Apache Server] と [MySQL Server] の右側の丸が緑色になります。

● PHPのバージョンを変更する（Windows）

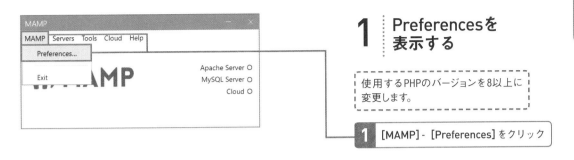

1 Preferencesを表示する

使用するPHPのバージョンを8以上に変更します。

1 [MAMP] - [Preferences] をクリック

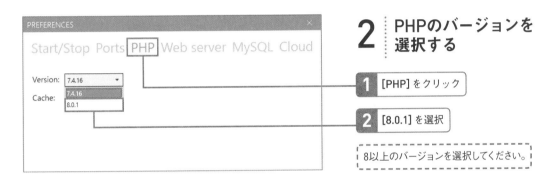

2 PHPのバージョンを選択する

1 [PHP] をクリック

2 [8.0.1] を選択

8以上のバージョンを選択してください。

3 確認画面を閉じる

1 [OK] をクリック

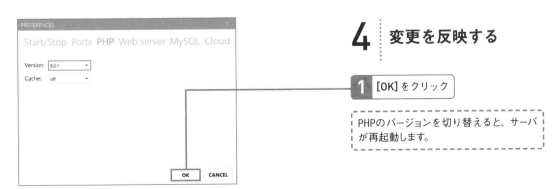

4 変更を反映する

1 [OK] をクリック

PHPのバージョンを切り替えると、サーバが再起動します。

● MAMPをインストールする（Mac）

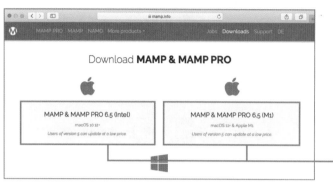

1 ファイルをダウンロードする

1 MAMPのダウンロードページ（https://www.mamp.info/en/downloads/）を表示

2 使用しているMacのCPUに対応した[MAMP&MAMP PRO 6.x]をクリック

2 ダウンロードしたファイルを開く

1 Dockの［ダウンロード］をクリックし、前の手順でダウンロードしたファイルをクリック

3 インストールを開始する

1 ［続ける］をクリック

4 ダウンロードしたファイルを開く

1 ［続ける］をクリック

インストール時に作成される「MAMP」「MAMP PRO」フォルダを移動したり、名前を変えたりしないようにという注意事項が表示されます。

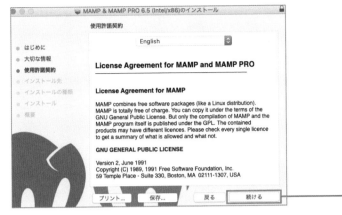

5 | 使用許諾契約の条件を確認する

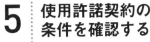

1 使用許諾契約の条件を確認

2 [続ける]をクリック

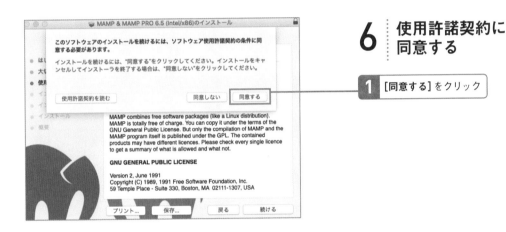

6 | 使用許諾契約に同意する

1 [同意する]をクリック

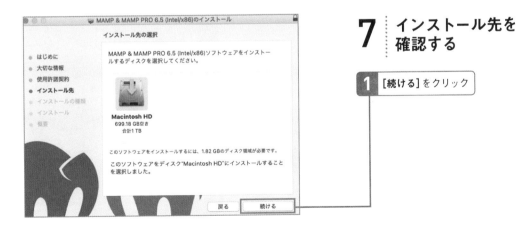

7 | インストール先を確認する

1 [続ける]をクリック

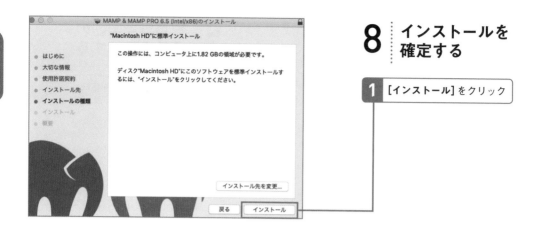

8 インストールを確定する

1 [インストール] をクリック

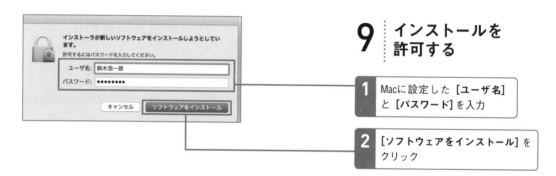

9 インストールを許可する

1 Macに設定した [ユーザ名] と [パスワード] を入力

2 [ソフトウェアをインストール] をクリック

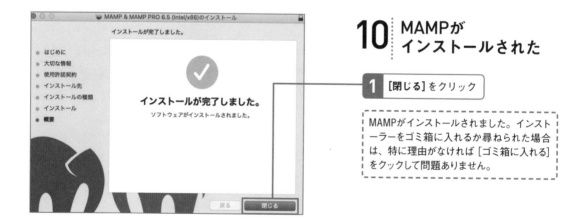

10 MAMPがインストールされた

1 [閉じる] をクリック

MAMPがインストールされました。インストーラーをゴミ箱に入れるか尋ねられた場合は、特に理由がなければ [ゴミ箱に入れる] をクックして問題ありません。

● MAMPのサーバを起動する（Mac）

1 MAMPを起動する

1 [Dock]の[Launchpad]をクリックし、[MAMP]をクリック

起動時に左の画面が表示されることがあります。

2 [Show this window when starting application] をクリックし、チェックマークを外す

3 [×]をクリック

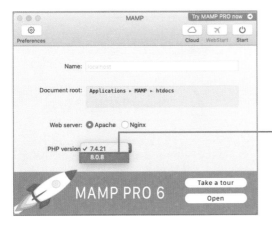

2 PHPのバージョンを変更する

MAMPが起動し、コントロールパネルが表示されました。

1 PHP versionの [8.0.8]をクリック

PHP versionは、8以上を選択してください。

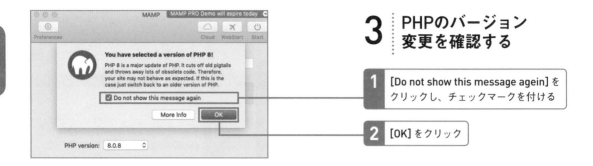

3 | PHPのバージョン 変更を確認する

1 [Do not show this message agein] を クリックし、チェックマークを付ける

2 [OK] をクリック

4 | サーバを起動する

1 [Start] をクリック

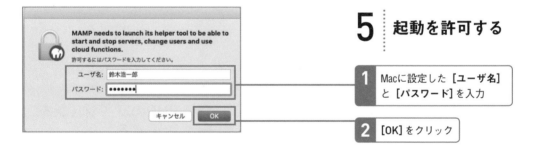

5 | 起動を許可する

1 Macに設定した [ユーザ名] と [パスワード] を入力

2 [OK] をクリック

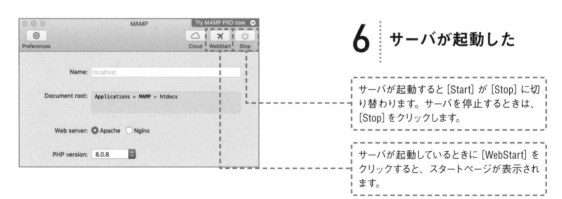

6 | サーバが起動した

サーバが起動すると [Start] が [Stop] に切り替わります。サーバを停止するときは、[Stop] をクリックします。

サーバが起動しているときに [WebStart] をクリックすると、スタートページが表示されます。

ワンポイント サーバが起動しない場合はポートの設定をチェック!

サーバが起動しない場合は、パソコンにインストールされている別のソフトウェアがApacheの起動を邪魔している可能性が高いです。インターネットを介してやり取りを行うソフトウェアには、ポート番号という番号が付いており、Apacheは80番を使うように設定されています。

もしここでApacheと同じ80番ポートがほかのソフトウェアで使われていると、ポート番号がぶつかってしまい、サーバが起動できないことがあります。その場合は、Apacheが使用するポート番号を変更しましょう。

MAMPのApacheのポート番号を変更する(Windows)

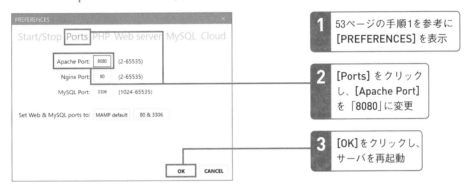

1 53ページの手順1を参考に[PREFERENCES]を表示

2 [Ports]をクリックし、[Apache Port]を「8080」に変更

3 [OK]をクリックし、サーバを再起動

MAMPのApacheのポート番号を変更する(Mac)

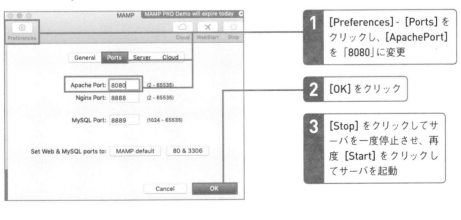

1 [Preferences]-[Ports]をクリックし、[ApachePort]を「8080」に変更

2 [OK]をクリック

3 [Stop]をクリックしてサーバを一度停止させ、再度[Start]をクリックしてサーバを起動

Lesson 11

[ファイルの配置]

サーバにファイルを配置して
ブラウザで表示しましょう

**このレッスンの
ポイント**

サーバの設定が終わりました。続いて実際にファイルを配置して、ブラウザで表示してみましょう。今は自分のパソコンからしか見ることはできませんが、将来世界にWebサーバを公開するときにも役立つのでしっかり覚えておきましょう。

→ 公開フォルダにファイルを設置する

実際のサーバはデータセンターというサーバの管理に特化した施設に設置され、自分のパソコンから遠く離れた場所にある状態です。しかし今回はMAMPを利用しているので、自分のパソコン内にサーバが設置されている状態です。そのため、HTMLやPHPなど、これから作成するファイルを自分のパソコン内の専用のフォルダに配置することで、通常のサイトの閲覧と同様にブラウザにURLを入力して、作成したページを表示することができます。

▶ サーバへのファイルの配置

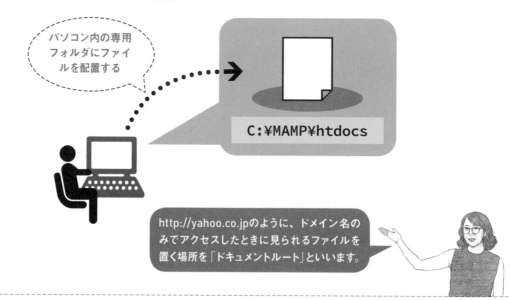

パソコン内の専用フォルダにファイルを配置する

C:¥MAMP¥htdocs

http://yahoo.co.jpのように、ドメイン名のみでアクセスしたときに見られるファイルを置く場所を「ドキュメントルート」といいます。

サーバ内のフォルダを示すURL

ファイルの配置が済んだら、さっそくブラウザに
URLを入力してWebページを表示してみましょう。と
いっても、肝心のURLがわかりませんよね。URLは、
自分のパソコン内という意味の「http://localhost」

と入力しますが、59ページのワンポイントで説明し
たように、初期設定でサーバが起動せずポート番
号を変更した人は、「http://localhost:8080」のよう
に変更したポート番号を指定して入力しましょう。

▶ パソコン内に配置したHTMLファイルのURL

ポート番号を変更しなかったユーザーの場合

自分のパソコン内という意味

```
http://localhost
```

ポート番号を変更したユーザーの場合

ポート番号を指定

```
http://localhost:8080
```

※以降、http://localhostの部分を読み替えてください。

 URLの構造を確認しよう

Webサイトは複数のフォルダやファイルで構成され
ているので、ページによってどのファイルを読み込
むのかが変わり、当然読み込むファイルごとにURL
も変化します。基本的に、http://localhost/フォル
ダ名/ファイル名がURLになるので、この関係を覚え
ておきましょう。ただし「index.html」だけは例外です。

一般的にWebサーバはファイル名の指定がない場
合、index.htmlやindex.php を探すように設定され
ています。つまり、/（スラッシュ）で終わるURLの
場合は、index.htmlが読み込まれます。ドキュメン
トルートにあるindex.htmlは、トップページに利用
されることも多いです。

▶ フォルダやファイル構成とURLの関係

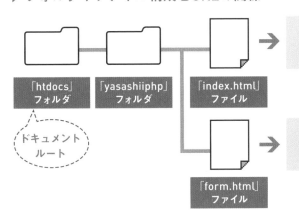

index.htmlは省略しても
表示される

```
http://localhost/
yasashiiphp/
```

「htdocs」フォルダ　「yasashiiphp」フォルダ　「index.html」ファイル

ドキュメントルート

```
http://localhost/
yasashiiphp/form.html
```

通常はファイル名までURLに記載

「form.html」ファイル

● サーバにファイルを配置する準備（Windows）

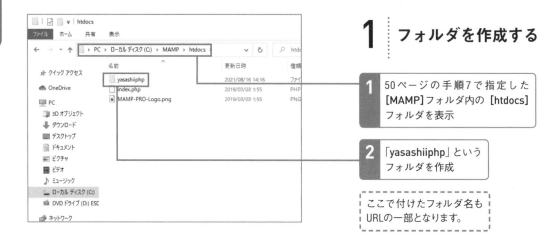

1 フォルダを作成する

1 50ページの手順7で指定した［MAMP］フォルダ内の［htdocs］フォルダを表示

2 「yasashiiphp」というフォルダを作成

ここで付けたフォルダ名もURLの一部となります。

● サーバにファイルを配置する準備（Mac）

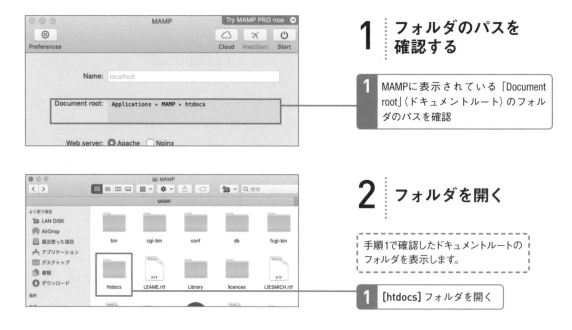

1 フォルダのパスを確認する

1 MAMPに表示されている「Document root」（ドキュメントルート）のフォルダのパスを確認

2 フォルダを開く

手順1で確認したドキュメントルートのフォルダを表示します。

1 ［htdocs］フォルダを開く

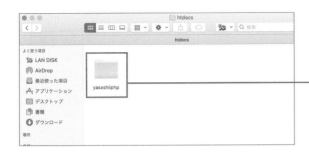

3 フォルダを作成する

1 「yasashiiphp」というフォルダを作成

> ここで付けたフォルダ名もURLの一部となります。

● サーバにファイルを配置する（Windows、Mac共通）

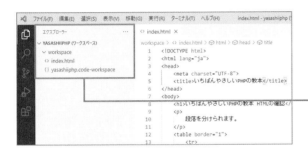

1 ワークスペースの表示を確認

1 VS Codeのエクスプローラーにワークスペースが表示されていることを確認

> エクスプローラーにワークスペースが表示されていない場合は、28ページの手順で表示させてください。

2 ワークスペースにフォルダを追加する

1 [ファイル]-[フォルダーをワークスペースに追加]をクリック

3 フォルダを選択する

1 [htdocs] フォルダに作成した [yasashiiphp] フォルダを選択

2 [追加] をクリック

Point Macで「yasashiiphp」フォルダが選択できないときは？

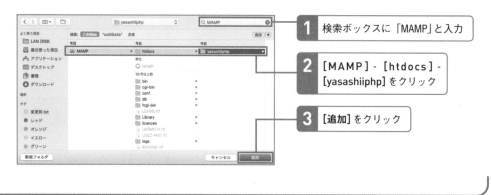

1 検索ボックスに「MAMP」と入力

2 [MAMP] - [htdocs] - [yasashiiphp] をクリック

3 [追加] をクリック

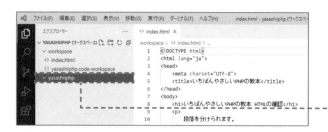

4 ワークスペースにフォルダが追加された

ワークスペースに [yasashiiphp] フォルダが追加されます。

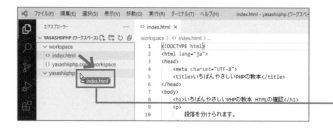

5 ファイルを移動する

1 [workspace]フォルダにある [index.html] を [yasashiiphp] フォルダにドラッグ＆ドロップで移動

6 移動を許可する

1 [移動] をクリック

7 ファイルが移動する

ワークスペース上で [yasashiiphp] フォルダに、[index.html] を移動できました。

8 ファイルの移動を確認する

エクスプローラーやファインダーからもファイルが移動できたことを確認できます。

Point 2章以降は「yasashiiphp」フォルダにファイルを追加

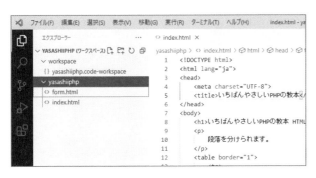

2章以降で新規作成するファイルは、34ページで説明した手順で [yasashiiphp] フォルダに作成してください。

NEXT PAGE ➜

● ブラウザからファイルを表示する

1 URLを入力する

51、57ページの手順1を参考にコントロール
パネルを表示し、サーバを起動しておきます。

| 1 | ブラウザを起動 |

| 2 | 「http://localhost/yasashiiphp」と入力し、Enterキーを押す |

ポート番号を変更したユーザーは「http://
localhost:8080/yasashiiphp」という具合に
ポート番号を指定して入力します。

2 ページが表示された

HTMLファイルをブラウザで表示でき
ました。これで、本物のサーバにファ
イルを配置した場合と同様の形式で
ファイルを確認できます。

👍 ワンポイント　サーバにファイルを保存する方法

今回は自分のパソコンをサーバにしているため、HTMLフォルダにファイルを配置するだけでブラウザでページを表示できました。しかし実際には、サーバはレンタルサーバサービスやクラウドサービスを利用する場合が多く、ファイルをサーバにコピーするときには、「ファイル転送ソフト」を利用する場面が出てきます。本書では登場する機会はありませんが、おすすめのファイル転送ソフトと転送方式を紹介しましょ

う。転送方式は、これまでは「FTP」(File Transfer Protocol)というものが使われてきましたが、最近ではセキュリティーの面からあまりおすすめできません。より安全な「SCP」(Secure CoPy)や「SFTP」(SSH File Transfer Protocol)といった転送方式に対応したファイル転送ソフトを利用しましょう。例えば、Windowsなら「WinSCP」(http://winscp.net/eng/docs/lang:jp)、Macなら「Cyberduck」(http://cyberduck.io/index.ja.html)がおすすめです。

Lesson
12
［設定ファイルの変更］
サーバの設定ファイルの内容を
変更しましょう

**このレッスンの
ポイント**

このレッスンではPHPの設定ファイルである「php.ini」というファイルを修正します。設定ファイルというのは、プログラムのさまざまな動作のための設定を保存しておくファイルのことです。設定内容はMAMPのSTARTページから確認できます。

→ サーバの設定はphp.iniに保管されている

PHPのサーバ側の設定は「php.ini」という設定ファイルに保存されています。PHPファイルの文字コードを変更する場合には、エディタの設定を変更しますが、サーバの設定の場合は、決められた場所にある、決められた書式のファイルを変更することによって、動作を切り替えることができます。ここでは今回だけの設定として、プログラムを実行したときに、入力ミスなどでうまく動かない場合にエラーを表示するように設定を行います。初期設定はバージョンによって違いますが、実運用ではエラーの

表示内容によって悪意のある攻撃の糸口になってしまうため、非表示となっています。将来、インターネットで公開するときには、エラーが表示されないようにすることを心がけてください。

修正するファイルのパス（ファイルやフォルダが置いてある場所）は下記のとおりです。フォルダ内のphp.iniを変更していきます。パスはPHPやMAMPのバージョンによって異なることがあるので、見つからない場合はMAMPフォルダ以下を「php.ini」で検索して見つけましょう。

▶ **Windowsの場合**

```
c:\MAMP\conf\php8.バージョン
```

※執筆時点（2021年10月）では「c:\MAMP\conf\php8.0.1」です。

▶ **Macの場合**

```
/Applications/MAMP/bin/php/php8.バージョン /conf
```

※執筆時点（2021年10月）では「/Applications/MAMP/bin/php/php8.0.8/conf」です。

● エラー表示できるように設定を変更する（Windows）

1 php.iniを開く

レッスン11を参考に [MAMP] フォルダ内の [conf]
→ [php8.0.1] フォルダを表示します❶。このフォル

ダにある [php.ini] ファイルをVS Codeのウィンドウ
にドラッグ&ドロップして開きます❷。

1 [MAMP] → [conf] → [php8.0.1]
フォルダを表示

2 [php.ini] ファイルをVS Codeのウィン
ドウにドラッグ&ドロップして開く

php8.0.1より新しいバージョンのフ
ォルダがある場合、そのフォルダ内
のphp.iniを開いてください。

2 php.iniファイルのエラー表示の設定を変更する

この「php.ini」ファイル内の、エラー表示の設定を
有効に変更します。VS Codeの画面左側に表示され
ている行番号を確認しながら、以下のように設定
を変更します。ただし、該当する行はMAMPのバー

ジョンによって異なる場合があるので、もし見つか
らないときは、前後の行を確認するか、検索してみ
ましょう。入力できたら、ファイルを上書き保存し
ます。これで、エラー表示の設定は完了です。

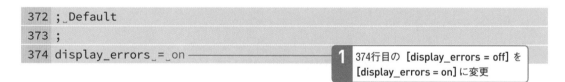

```
372 ;_Default
373 ;
374 display_errors_=_on
```

1 374行目の [display_errors = off] を
[display_errors = on] に変更

古いバージョンのPHPで
日本語を利用する場合は、
php.iniで文字コードの
設定も必要になります。

● エラー表示できるように設定を変更する（Mac）

1 php.iniを開く

レッスン11を参考に ［MAMP］ フォルダ内の ［bin］ → ［php］ → ［php8.0.8］ → ［conf］ フォルダを表示しま す❶。このフォルダにある ［php.ini］ をVS Codeの ウィンドウにドラッグ＆ドロップして開きます❷。

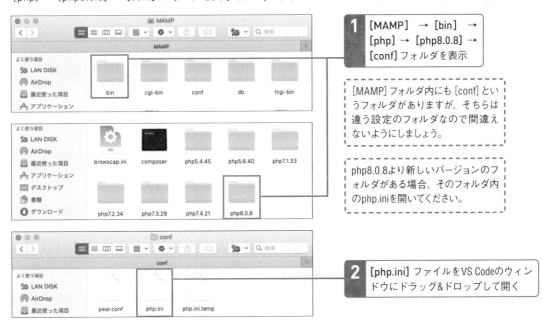

1 ［MAMP］ → ［bin］ → ［php］ → ［php8.0.8］ → ［conf］ フォルダを表示

［MAMP］フォルダ内にも ［conf］ という フォルダがありますが、そちらは 違う設定のフォルダなので間違え ないようにしましょう。

php8.0.8より新しいバージョンのフォ ルダがある場合、そのフォルダ内 のphp.iniを開いてください。

2 ［php.ini］ ファイルをVS Codeのウィン ドウにドラッグ＆ドロップして開く

2 php.iniファイルのエラー表示の設定を変更する

この 「php.ini」 ファイル内の、エラー表示の設定を 有効に変更します。VS Codeの画面左側に表示され ている行番号を確認しながら、以下のように設定 を変更します。ただし、該当する行はMAMPのバー ジョンによって異なる場合があるので、もし見つか らないときは、前後の行を確認するか、検索してみ ましょう。入力できたら、ファイルを上書き保存し ます。これで、エラー表示の設定は完了です。

```
503 ;_Production_Value:_Off
504 ;_http://php.net/display-errors
505 display_errors_=_On
```

1 505行目の ［display_errors = Off］ を ［display_errors = On］ に変更

● php.iniの変更を確認する（Windows、Mac共通）

1 MAMPを再起動し、STARTページを表示する

今回の環境ではphp.iniを修正した後はサーバの再起動が必要となります。MAMPのコントロールパネルの［Stop Servers］（Macでは［Stop］）をクリックして再度［Start Servers］（Macでは［Start］）をクリックすることで（起動していなければ［Start Servers］だけクリック）再起動を行い、新しい設定ファイル

が読み込まれます。

php.iniの設定内容を確認するには、MAMPのSTARTページを表示する必要があります。MAMPのコントロールパネルの［Open WebStart page］（Macでは［WebStart］）をクリックすると、ブラウザが起動し、STARTページが表示されます。

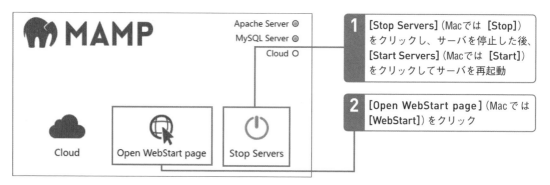

1 ［Stop Servers］（Macでは［Stop］）をクリックし、サーバを停止した後、［Start Servers］（Macでは［Start］）をクリックしてサーバを再起動

2 ［Open WebStart page］（Macでは［WebStart］）をクリック

2 PHPINFOを表示する

PHPの設定は、PHPINFOから確認できます。メニューのTOOLSの［PHPINFO］（Macの場合はToolsの［phpinfo］）をクリックして、PHPINFOを確認してみ

ましょう。PHPINFOという情報にはphp.iniの設定内容などが表示されます。

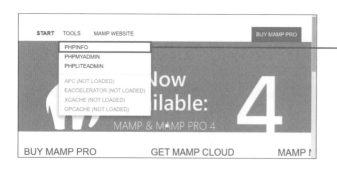

1 ［PHPINFO］をクリック

3 エラーの表示設定を確認する

リンクをクリックすると、PHPINFOのページが表示されます。実際に運用しているサーバでは内部の設定が見えてしまうので公開はしないものですが、本書の解説ではMAMPをローカル環境で動作させているので問題はありません。ブラウザの検索を使っ

てdisplay_errorsの項目を探してみましょう。すぐ右側がOnになっていれば設定の変更は成功です。Onになっていない場合はどこか間違えている可能性があるので修正した行を見直してください。

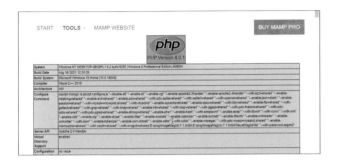

phpinfoページが表示されました。

arg_separator.output	&	&
auto_append_file	no value	no value
auto_globals_jit	On	On
auto_prepend_file	no value	no value
browscap	no value	no value
default_charset	UTF-8	UTF-8
default_mimetype	text/html	text/html
disable_classes	no value	no value
disable_functions	no value	no value
display_errors	On	On
display_startup_errors	Off	Off
doc_root	no value	no value
docref_ext	no value	no value
docref_root	no value	no value
enable_dl	On	On
enable_post_data_reading	On	On
error_append_string	no value	no value
error_log	C:/MAMP/logs/php_error.log	C:/MAMP/logs/php_error.log
error_prepend_string	no value	no value
error_reporting	32767	32767
expose_php	On	On
extension_dir	C:\MAMP\bin\php\php8.0.1\ext\	C:\MAMP\bin\php\php8.0.1\ext\
file_uploads	On	On
hard_timeout	2	2
highlight.comment	#FF8000	#FF8000
highlight.default	#0000BB	#0000BB
highlight.html	#000000	#000000

[display_errors] の設定を探し、Onになっていることを確認してください。

Lesson 13 [PHPのバージョン]
PHP 5とPHP 7以降の違いを理解しましょう

**このレッスンの
ポイント**

2020年11月にPHP 8がリリースされました。本書でPHPを学びはじめた皆さんは特に違いを意識することはないですが、PHP 5とPHP 7以降の違いを簡単に説明します。また、PHPのバージョンアップの特徴についても少しお話しします。

→ PHP 7は内部処理の改善によって速くなった

PHP 7は2015年にリリースされ、データ構造の改善など言語エンジンの刷新がされました。下のグラフはPHPの生みの親であるラスマス・ラードフ氏のプレゼンテーションから引用したものですが、今や多くのブログやWebサイトで利用されるようになったWordPressの処理速度の比較を行っていて、PHP 5からPHP 7で実に2倍ほどの速度改善を実現しています。PHP 8ではJITコンパイラが導入され、複雑な計算を繰り返すなどの場合にさらなる処理の高速化の恩恵を受けられます。今までPHPはほかの言語と比べて処理速度が見劣りしていましたが、今後は気にせず、より複雑な計算が必要になる場面でもPHPの利用が期待できます。

▶ PHPのバージョンごとのWordPress処理速度

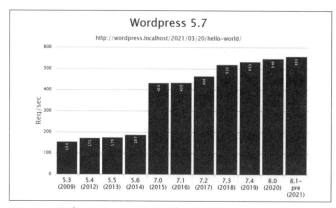

※ Modern PHP（http://talks.php.net/dublin21）より引用

PHP 5.6と比較して、2倍以上の速度改善がなされていますね。

→ 互換性の配慮がなされている

PHPのバージョンアップの特徴として、後方互換性がかなり意識されています。後方互換性とは、新しいバージョンの環境でも古いバージョンで書いたプログラムが使える状況のことで、本書の初版の際に書いたコードが、PHP 8のバージョンでもそのまま実行可能です。しかし、互換性が意識されている

とはいえ、中には廃止になったり、利用できなくなったりする機能も存在します。PHPの学習をはじめたばかりの皆さんは、特に気にする必要はありませんが、本書で学習した後に別の書籍などを利用する場合は、必要に応じて変更履歴やマニュアルの移行についてのページを参照しましょう。

▶変更履歴
https://www.php.net/manual/ja/doc.changelog.php

▶PHP 5.6.xからPHP 7.0.xへの移行
https://www.php.net/manual/ja/migration70.php

👍 ワンポイント　MAMPでPHP 5を使うには

古いバージョンのPHPで作成されているプログラムを確認する場合は、MAMPでも同じバージョンを使う必要があります。MAMPで古いバージョンのPHPを使うには、MAMPフォルダの構成を少し書き換える必要があります。50ページの手順7で指定したMAMPフォルダ内のbinフォルダの、さらにその中のphpフォルダを見てください（Macでは/Applications/MAMP/binのphpフォルダ）。このフォルダにはPHPのバージョン

ごとにフォルダがいくつか用意されています。ここにあるフォルダから利用したいPHPのバージョンのフォルダを2つ選び、そのほかのバージョンのフォルダのフォルダ名の先頭に「_」を付けます。

次にMAMPを再起動し、59ページを参照してMAMPの設定画面を表示します。PHPタブをクリックすると、先ほどフォルダを選んだ2つのバージョンが選択できます。

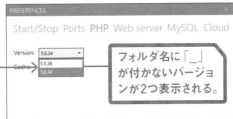

フォルダ名に「_」が付かないバージョンが2つ表示される。

PHPのバージョンは71ページで紹介しているPHPINFOページのトップの画面で確認できます。

👍 ワンポイント クラウドサービスの開発環境

あくまで学習用として本書では、パソコンにMAMPをインストールしデータベースやPHPの設定を行って、PHPのプログラミングや動作確認ができる環境を整えています。かつてはLinuxサーバにApache、PHP、MySQLをインストールするLAMPといわれる環境が主流でしたが、近年クラウドの台頭により状況は変わってきました。クラウド上でPHPをすぐに実行できる環境も増えており、さまざまな企業がサービスを展開しています。例えば、AWS Cloud9、Google App Engine、GitHub Codespaces（執筆時点ではベータ版）など

があります。また、AWS Cloud9はAWS Lambda、Google App EngineはGoogle Cloud FunctionsといったFaaS型のサービスと連携できるため、さらに広がりが出ています。データベースの接続などクラウド環境特有の設定が求められる場合もありますがPHPの基本は一緒なので、無料枠などで試してみましょう。ただし、無料枠の範囲を超えたり、無料枠の利用期限が終わったりすると、課金が発生してしまうので注意してください。また公開した場合は、いつも以上にセキュリティーに注意しましょう。

▶ AWS Cloud9
https://aws.amazon.com/jp/cloud9/

▶ Google App Engine
https://cloud.google.com/appengine

▶ GitHub Codespaces
https://github.co.jp/features/codespaces

Chapter

2

プログラムを
作りながら
PHPの
基本を学ぼう

お疲れさまです。第1章では、エディタやサーバ環境のインストール・設定について解説しました。はやくPHPのプログラミングに入りたくてウズウズしていたのではないでしょうか。この章からエディタを使ってPHPのプログラムを書いていきます。

Lesson 14

[作成するプログラムの内容]

プログラムの大きな構造を考えてみましょう

**このレッスンの
ポイント**

プログラムを書きはじめる前に「どんなプログラムを作るのか」を考えてみましょう。なぜなら、そのプログラムには「どんな機能が必要なのか」、そしてその機能は「どうすれば実現できるのか」といったプログラムの大きな構造を考えるスタートになるからです。

→ どんなプログラムを作るのかを考えてみよう

今回は皆さんの代わりに、わたしがPHPの基本を学ぶために最適なプログラムを考えました。それはブラウザを利用した「料理レシピアプリ」です。レシピを入力することはもちろん、入力したレシピを表示したり、変更したりできます。ちょっと地味だと思うかもしれませんが、PHPの基本を学ぶために

必要な機能がすべてそろっているんですよ。以下に機能を書き出してみましたが、いろいろできるでしょう？　これらの機能は、Create（生成）、Read（読み取り）、Update（更新）、Delete（削除）の頭文字を取ってCRUD（クラッド）とまとめていうことがあります。

▶「料理レシピアプリ」でできること

```
入力フォーム
料理名: カレーライス
カテゴリ: 洋食 ▼
難易度: ○簡単 ●普通 ○難しい
予算: 1000  円
       1.玉ねぎと鶏肉を炒める
       2.水を800ml加えて10分煮る
       3.ルーを加えてさらに10分煮る
作り方: 
送信
```

→

| レシピを入力できる |
| レシピを一覧表示できる |
| レシピの詳細情報を表示できる |
| レシピを変更できる |
| レシピを削除できる |

データの「入力」「表示」「変更・削除」という
基本的な機能がそろっているから、ほかの
プログラムにも応用しやすいですよ！

➔ それぞれの処理を具体的にイメージする

それぞれの処理をイメージしてもう少し細かく考えてみましょう。まず、レシピは入力フォームから必要な項目を入力して保存できます。保存したレシピはサマリー（要約）を一覧表示して、そこのレシピ名をクリックするとレシピの詳細情報のページに切り替わりレシピを見られるようにしましょう。当然、間違えて入力する場合もありますから修正したり、レシピ自体を削除したりできるといいですよね。このような処理を実際に作っていきましょう。

▶ 料理レシピアプリに必要な機能

機能	機能の詳細
レシピの入力	入力フォームから必要な内容を入力してレシピを保存する
レシピの一覧表示	保存されているレシピのサマリー（要約）を一覧で表示する
レシピの詳細の表示	一覧表示されたレシピのレシピ名をクリックすると、すべての情報が表示される
レシピの変更	間違えて入力したレシピを修正して保存し直す
レシピの削除	保存されているレシピを削除する

➔ レシピの保存にはデータベースが必要

レシピの保存には「データベース」を使用します。データベースというのは、サーバ上で永続的にデータの保存できるもので、今回はMAMPをインストールすることで使えるようになる「MySQL」というデータベースを利用します。データベースを使うと大量のデータを扱えるようになるので、こちらもPHPと合わせて習得しましょう。データベースについては第3章で解説しています。

▶ データベースの役割

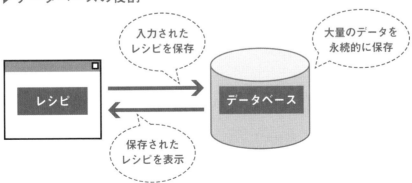

Lesson 15

[入力フォームに必要なファイル]

入力フォームの作成に必要な 2つのファイルを確認しましょう

**このレッスンの
ポイント**

入力フォームの作成からはじめましょう。皆さんもWebサイト上で
アンケートに答えたり、会員登録をしたりしたことがあると思います。
その際に、名前や回答などを入力する部分が入力フォームです。まず
は、入力フォームを作成するために何が必要か確認しましょう。

→ フォームの入力内容の流れを見てみよう

皆さんがWebサイトで会員登録やアンケートの入力
を行ったときのことを思い出してください。名前や
回答を入力して送信すると、次のページで入力した

内容の確認画面が表示されますよね。フォームに
入力した内容がどんな仕組みで次の画面に表示さ
れるのか、まずはこの流れを理解しましょう。

▶ 入力フォームの画面例

入力フォーム

```
入力フォーム
料理名：[カレーライス    ]
カテゴリ：[洋食  ▼]
難易度： ○簡単 ●普通 ○難しい
予算：[1000   ] 円
       ┌─────────────────────┐
       │1.玉ねぎと鶏肉を炒める          │
       │2.水を800ml加えて10分煮る       │
作り方：│3.ルーを加えてさらに10分煮る     │
       └─────────────────────┘
[送信]
```

確認画面

```
カレーライス
洋食
普通
1,000
1.玉ねぎと鶏肉を炒める
2.水を800ml加えて10分煮る
3.ルーを加えてさらに10分煮る
```

なぜ次の画面に入力した内
容が表示されるのか、デー
タの流れを把握しましょう。

PHPが入力内容を受け取ってHTMLを生成する

フォームの入力内容は利用者ごとに異なります。そのため確認画面の内容は千差万別です。でも、HTMLファイルは常に同じ情報しか表示できませんでしたね（レッスン3）。これでは入力内容に合わせた確認画面を用意できません。そこで、PHPの出番です。PHPがフォームの入力内容を受け取って、入力内容を踏まえた確認画面を動的に生成しているのです。つまり、入力フォームに必要なのは、フォームそのものを表示するためのHTMLファイルと入力された情報を受け取って確認画面を生成するためのPHPファイルの2つです。

▶ 入力フォームに必要な2つのファイル

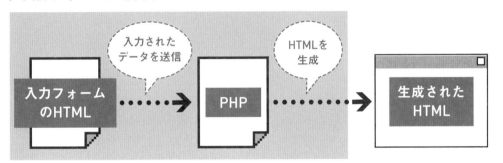

フォームで受け取るデータの種類ごとに入力方式がある

入力フォームに入力する内容はさまざまですよね。今回作成する料理レシピアプリであれば、料理名や作り方、予算や難易度、料理のジャンルなどの項目が必要です。そして、料理名や作り方は文字、予算は数字、難易度はボタンで選択など、入力方法も多岐にわたります。もちろん、用意するHTMLファイルも、文字の入力とボタンでの選択では書き方が異なります。この章では、入力内容の種類ごとに書き方を解説していきます。

▶ 入力内容と入力方式の関係

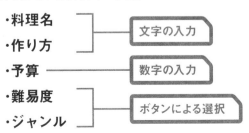

まずは、基本として文字入力用のテキストフォームと、受け取った文字を表示するための確認画面の書き方を覚えましょう。

Lesson 16

[テキストの入力フォーム]

テキストの入力フォームを作成しましょう

**このレッスンの
ポイント**

いよいよプログラムを作成していきます! まずは、レシピの料理名を入力するためのテキストの入力フォームを作ってみましょう。入力フォームそのものはHTMLで書いていきます。ただし、入力された内容をPHPに送ることも考えなければなりません。

→ テキストの入力ボックスを用意する

まずプログラムになれてもらうために、2つのレッスンを使って「テキストボックスに料理名を入力して、ボタンをクリックすると、入力した料理名が画面に表示される」という簡単な入力フォームのプログラ

ムを作成してみましょう。入力フォーム自体の作成にはHTMLの<form>タグを使用し、テキストボックスやボタンの作成には<input>タグを使用します。

▶ テキストの入力フォームの画面例

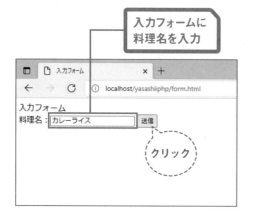

→ 入力内容の送り先を指示しよう

入力フォームを作成しただけでは、ボタンをクリックしても画面に料理名は表示されません。入力したデータの送り先を指定する必要があります。この本では最終的には入力フォームに入力したデータをPHPを通じてデータベースに送るようにするのです

が、ここではPHPのプログラムとはこういうものなのかということを体験してもらうために、入力したデータをPHPに送ってそのまま画面に表示してみましょう。

▶ データをPHPに送る

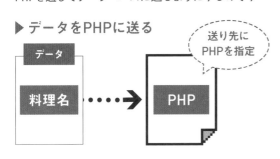

プログラミングでは、データのことを「値」といったり、値をPHPなどのプログラムに送ることを「値を受け渡す」「値を引き渡す」といったりします。この本でもよく出てくるので覚えておきましょう。

→ データの送り方にも方法がある

データをPHPに送る、つまり値をPHPに受け渡す方法には「POST」と「GET」などの方法があります。POSTは封筒の中に値を入れて送るイメージで、「入力フォーム」から値をPHPに受け渡します。GETはハガキの裏

面に値が書いてあるイメージで、「URL」から値を引き渡します。一般的にGETはリソースを参照し、POSTはリソースを更新します。このレッスンではPOSTを使用しますが、GETも4章で登場しますよ。

▶ POSTとGETの違い

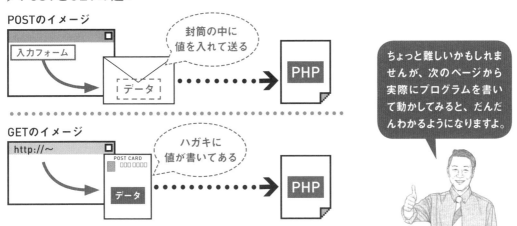

ちょっと難しいかもしれませんが、次のページから実際にプログラムを書いて動かしてみると、だんだんわかるようになりますよ。

● 入力フォームを作成する

1 ┊ HTMLの基本部分を入力する `form.html`

それではさっそく、テキストの入力フォームを作成しましょう。「form.html」という名前でレッスン11で作成した「yasashiiphp」フォルダにファイルを作成します。入力フォームはHTMLファイルとして作成しま

す。PHPと組み合わせて利用するからといって、特別なことをする必要ありません。38ページと同様にヘッダの部分を入力していきます❶。<title>タグには「入力フォーム」と入力しておきましょう❷。

```
001 <!DOCTYPE_html>
002 <html_lang="ja">
003 <head>
004 ____<meta_charset="UTF-8">
005 ____<title>入力フォーム</title>
006 </head>
```

❶ ヘッダ部分を入力

❷ タイトルに「入力フォーム」と入力

※本書では、コード内の半角スペースを_で表しています。

2 ┊ ボディ部分を作成する

ここから、ページのボディ部分を作っていきます。ページのボディ部分は<body>〜</body>の間に記述します❶。まずは、ページの見出しとして「入力

フォーム」と入力しましょう。下にテキストの入力フォーム部分を作っていくので、改行しておきます。改行は
で指定します❷。

```
007 <body>
008 ____入力フォーム<br>
009 </body>
```

❶ <body>タグを入力

❷
タグを入力

👍 ワンポイント ブラウザで文字化けが発生した場合

ブラウザで表示を行った際に文字化けが発生してしまった場合は、落ち着いて次のポイントを順に確認してください。まずエディタの文字コードはUTF-8になっていますか。VS Codeは初期設定でUTF-8になっていますが、ほかのエディタを利用した場合は、UTF-8になっているかを

確認してください。次に、HTMLのmetaタグの部分の文字コードの記載を確認してください。最後に、サーバ側の設定（本書と別の設定の場合など）としてphp.iniの日本語設定の部分を見直してください。PHPでない場合はMySQLの設定なども見直す必要があります。

3　入力フォームを作成する

いよいよテキストの入力フォーム部分の作成です。フォームの開始と終わりは<form>～</form>で囲んで記述します❶。また、<form>タグ内にはフォームに入力されたデータをどんな方法（method）でどこに送るのか（action）という指示を含めておきます。

なお、methodは「メソッド」と読み、「方法」や「方式」といった意味です。ここでは81ページで解説した「POST」という方法で、receive.phpというPHPファイルにデータを送るので、<form method="post" action="receive.php">と記述します❷。

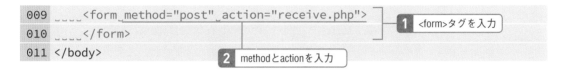

```
009 ____<form_method="post"_action="receive.php">
010 ____</form>
011 </body>
```

1 <form>タグを入力

2 methodとactionを入力

Point　<form>タグの記述方法

```
<form_method="post"_action="receive.php">
```

「method」で入力データの受け渡し方として「POST」を指定

「action」でデータの送り先のPHPファイルの名前を指定

81ページで解説したように、フォームの入力データは確認画面を生成するためにPHPファイルへ送る必要があります。そのために、入力データの受け渡し方を指定するのがこの部分です。ここでは、その方法として「POST」を選択しています。送り先のファイル名は必ずこの名前である必要はありませんが、ここで指定したファイル名で、受け取り側のPHPファイルを作成する必要があります。

ここはとても大事なポイントです。ファイル名が異なると、フォームに何か入力されてもデータの行き場がありませんよ。

4 テキストの入力欄を作成する

「料理名」を入力するテキストの入力欄を作成していきます。何のフォームかわかるように、「料理名：」と入力しておきましょう❶。 入力欄は`<input>`タグで記述します。`<input>`タグ内にはこ

の入力欄がテキストの入力用であること、さらに入力データを正しく受け渡せるように、この入力欄の名前と、入力必須の項目とするrequiredを指定しておきます❷。

```
009 ____<form_method="post"_action="receive.php">
010 _____料理名：<input_type="text"_name="recipe_name"_required>
011 ____</form>
```

1 フォームの説明を入力

2 `<input>`タグでフォームの種類と名前を入力

Point `<input>`タグの記述方法

「name」でこの入力欄の名前を指定

`<input_type="text"_name="recipe_name"_required>`

「type」を入力欄の種類を指定

「required」で入力必須の項目として指定

入力欄の種類は自由に変更できます。typeを「text」にすればテキストの入力欄になります。ほかの入力欄の種類は、レッスン18で説明します。また、nameで指定する名前は、受け取る側のPHPファイルとの連携に使います。データに分類用のラベルを貼るような感覚です。ここでは「recipe_name」という名前にしています。この名前は画面上には表示されません。さらにrequiredで入力必須の項目として指定します。これはHTML5の仕様で、値を入力せずに送信ボタンをクリックすると、

ブラウザによってはエラーメッセージが表示されます。

`<input>`タグではどんな種類の、どんな名前の入力欄にするかを決めてあげると覚えておきましょう。

5 送信ボタンを作成する

最後に送信ボタンを作成します。送信ボタンは<input>タグのtypeに「submit」を指定することで作成できます❶。submitとは「提出」という意味です。さらに、送信ボタンの名前を「送信」にするために、valueという情報を指定しておきます。submitボタンでは、valueに指定した文字がボタンに表示されます。ここまで書けたら、</html>タグを追加して締めくくりましょう❷。

```
009  ____<form_method="post"_action="receive.php">
010  _____料理名：<input_type="text"_name="recipe_name"_required>
011  _____<input_type="submit"_value="送信"> ─┐
012  ____</form>
013  </body>
014  </html> ─────────────────────
```

1 submitタイプの<input>タグを入力

2 </html>タグを入力

6 テキストの入力フォームが作成された

入力フォーム
料理名：[　　　　　] [送信]

Not Found

The requested URL /yasashiiphp/receive.php was not found on this server.

66ページを参考に、保存した内容をブラウザで確認してみましょう。URLはhttp://localhost/yasashiiphp/form.htmlです。左のような画面が表示されていれば入力フォームの作成は完成です。もう押した人もいるかもしれませんが、料理名に何かを入力して送信ボタンを押してみましょう。「Not Found」と表示されてしまいますね。これは「要求されたページが見つかりません」という意味のエラーメッセージで、入力データの受け取り先であるreceive.phpを作成していないために表示されています。次のレッスンでは、このreceive.phpを作っていきます。

Lesson 17 [テキストデータの受け取りと出力]
フォームの入力内容を受け取る プログラムを作りましょう

このレッスンの ポイント

このレッスンでは、前のレッスンで作成したHTMLフォームから入力されたデータを出力するPHPプログラムを作成します。どのようにデータが渡って、どのように利用するのかを学びます。「関数」「引数」「変数」といったPHPの基本的な要素も登場しますよ。

→ PHPの基本的な書き方を覚えよう

PHPを書いていく前に、基本的な書き方を覚えておきましょう。レッスン8でHTMLはタグを使ってルールを指定することを解説しました。PHPも同様に

<?php~?>で囲んだ中に「何をどうするのか」という「命令文」を書いていきます。命令文の文末には、命令の区切りを表す「;」（セミコロン）を入力します。

▶ データを受け取るプログラム

```
001 <?php
002 print_r($_POST);
003 ?>
```

開始タグ　命令文

終了タグ　命令の区切り（セミコロン）

ここまでは簡単ですね。でも、;（セミコロン）の入力忘れはよくあるエラーのもとです。忘れずに入力しましょう。

👍 ワンポイント PHPにおけるアルファベットの大文字と小文字の区別

PHPではアルファベットの大文字と小文字の扱いに注意が必要です。変数名は大文字と小文字を区別します。「$_POST」を「$_post」というふうに、変数名を小文字にしても求める値を取得することはできません。

それに対して、関数は大文字と小文字を区別し

ません。「print_r」を「PRINT_R」としても関数を呼び出すことが可能です。ですが、一般的に関数を呼び出すときは、関数を作成したときと同じ表記で呼び出すことが望ましいとされているので、大文字と小文字は定義通りに打ち込むようにしましょう。

関数と引数の概念を覚えよう

PHPでプログラミングをはじめるにあたって、まず覚えておきたいのが「関数」と「引数」(ひきすう) です。関数というのは、定められた処理を実行する命令です。下図の例はprint_rというデバッグ用の関数の例です。「print_r」の部分が関数です。使われている英語から意味を推測できるかと思いますが、print_rは続く()内の内容を見やすい形で表示すると

いう意味を持った関数です。そして、このprint_r()の()内に書いたものを引数といいます。引数に命令の対象や、どう処理をするのかという情報を記述します。図の例では、何を表示するのかの「何を」に当たる部分を引数で指示しているのです。引数は複数指定することもあり、その場合は,(カンマ)でつなぎます。

▶ 関数と引数

関数：定められた
処理を実行

引数：何を処理するのか、
どんな処理をするのかを記述

```
print_r($_POST);
```

図の例は「$_POST」を表示するという命令になります。

大切な変数についても知っておこう

もう1つの重要な要素が「変数」です。変数は数字や文字を入れる箱のようなもので、PHPでは「$名前(変数名)」で表します。同じ形のダンボールでも、中に何が入っているかがわかるように「夏物」「冬物」といった文字を書くことと似ています。変数としてデータを格納しておくことで、関数による命令で、

このデータを利用できるようになります。また、変数には今回使う「$_POST」のように、あらかじめ定義された変数もあり、83ページで指定したPOSTメソッドで受け渡されたデータを格納する場合に使用します。なお、通常の変数についてはレッスン19でさらに詳しく解説します。

▶ 変数に数字や文字を格納する

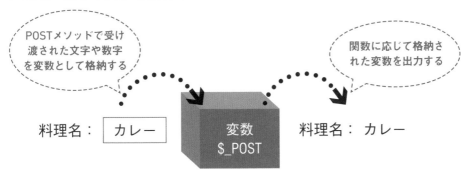

POSTメソッドで受け渡された文字や数字を変数として格納する

関数に応じて格納された変数を出力する

料理名： カレー

変数
$_POST

料理名： カレー

● データの受け渡しを確認する

1 PHPモードの記述をする `receive.php`

ここからはフォームに入力されたデータを受け取って出力するPHPファイルを作成します。「yasashiiphp」フォルダに「receive.php」という名前でファイルを作成してください。まずは1行目から入力していきましょう。PHPもHTMLと同じように、ここからここまではPHPで書いていますよということを伝えなければなりません。そのため<?PHP〜?>で囲んだ中に命令文を書いていきます❶。

```
001 <?php
002 ?>
```

1 <?php〜?>タグを入力

2 受け取ったデータを出力する関数を記述する

続いて、命令文を書いていきます。ここでは、レッスン16の入力フォームの内容を正しく受け取れているかを確認するため、print_rという関数を入力します❶。また、何を表示するかを指示する引数として()の中に$_POSTと入力しましょう❷。最後に、文末にこの命令文はここで終わりということを示す;(セミコロン)を入力します❸。

```
001 <?php
002 print_r($_POST);
003 ?>
```

1 関数print_rを入力

2 引数として$_POSTを入力

3 ;(セミコロン)を入力

Point $_POSTとは

引数として「$_POST」という変数を入力しました。前のページで変数は数字や文字を入れる箱のようなもの、そして$_POSTはあらかじめ定義された変数だという話をしましたね。$_POSTはPHPがPOSTメソッドで受け渡されたデータを格納する箱です。 つまり、$_POSTにはform.htmlのフォームで入力された データ(今回の例では料理名)が格納されます。83ページのHTMLの中で<form method="post" action="receive.php">と指定したことを思い出してください。この「method=post」という記述がPOSTメソッドを指定している部分で、受け渡し先のreceive.phpが今まさに作成中にこのファイルになるわけです。

3 ブラウザで確認する

入力フォーム
料理名：[カレーライス]　　　　[送信]

1 フォームに料理名を入力　　　2 [送信]をクリック

それでは保存されたファイルをブラウザを通して確認してみましょう。ブラウザでhttp://localhost/yasashiiphp/form.htmlを表示します。フォームに料理名を入力して❶、送信ボタンをクリックしてください❷。

4 データが受け渡せていることが確認できた

Array ([recipe_name] => カレーライス)

レッスン16では「Not Found」と表示されましたが、 今回は「Array([recipe_name] => 入力した料理名)」と表示されましたか？ このように表示されれば、テキストフォームの内容がPHPに正しく受け渡されたことになります。また、URL が http://localhost/yasashiiphp/receive.phpとなっていることを確認してください。データの受け取り用に作ったreceive.phpが実行されています。

Point PHPが実行されないとき

PHPのプログラムはサーバー上で実行されるため、ブラウザでURLを入力するか、HTMLのリンクから遷移する必要があります。PHPのファイルのパスをURL欄に入力した場合やWebサーバーが起動していない場合は、PHPが実行されないので気を付けてください。

print_r()は変数の中身を見たいときに利用することが多い関数です。PHPプログラムの開発時に便利なので覚えておきましょう。詳細に確認するときは、後述するvar_dump()も便利です。

Lesson 18

[さまざまな入力項目]

入力フォームの項目を拡張しましょう

**このレッスンの
ポイント**

料理レシピアプリを作ることを目標としているので、入力項目が料理名だけではちょっとさみしいですよね。レッスン16、17で作成したform.htmlを修正して入力項目を増やしましょう。ここもレッスン16と同じく入力フォームなので、HTMLで書いていきます。

→ 入力項目によって書き方はさまざま

入力フォームを作成する際は、入力する人が気持ちよく、迷わず入力できるように、入力する内容に合わせて最適なフォームを選択する必要があります。そのため、入力フォームと一口にいっても種類はた

くさんあります。HTMLで書く場合は、当然それぞれ書き方がちょっとずつ異なります。このレッスンでは1つずつ書き方を覚えていきましょう。

▶ 入力項目の種類

入力フォーム
料理名：
カテゴリ：　選択してください　→　セレクトメニュー
難易度：　○簡単　●普通　○難しい　→　ラジオボタン
予算：　　円　→　数字
作り方：　→　テキストエリア
送信

テキストの入力、メニューから選択、ラジオボタンの選択、数字の入力、長文の入力と、何をどう入力するのかにも注目しましょう。

● セレクトメニューを作成する

1 <select>タグを記述する `form.html`

レッスン16で作成した「form.html」をエディタで開いて、手を加えていきましょう。まず料理名の次に、料理の「カテゴリ」を入力する項目を作ります。今回はあらかじめ用意されたカテゴリから選択できるセレクトメニューを設定します。まず料理名の行の最後に
を入力して改行しておきます❶。次に

料理名の下に「カテゴリ：」と入力します❷。セレクトメニューは<select>～</select>タグで囲った中に記述します❸。<select>タグの中には、84ページで料理名の項目に「recipe_name」と名前を付けたのと同様に、セレクトメニューの名前として「category」と入力します❹。

```
009    ____<form_method="post"_action="receive.php">
010    _____料理名：<input_type="text"_name="recipe_name"_required><br>
011    _____カテゴリ：
012    _____<select_name="category">
013    _____</select>
```

1
タグを入力

2 「カテゴリ：」と入力

3 <select>タグを入力

4 項目の名前を入力

2 メニュー項目を作成する

続いて<select>タグの間にメニューの項目を列挙していきます。ここでは「和食」「中華」「洋食」という3つのカテゴリ名を指定します。メニュー項目の書き方は<option value="値">カテゴリ名</option>です。value="値"は「和食なら1」「中華なら2」とカテゴリ名と数値を対応させて、後でPHPやデータベースへデータを受け渡す際に処理しやすくしています。value

については93ページで詳しく解説します。一番上には「選択してください」というテキストを用意します。これは選択肢ではないので値は指定しません❶。その後に、3つのメニュー項目を続けて入力します❷。最後に
を入力します❸。すべて入力できたら上書き保存しましょう。

```
011    _____カテゴリ：
012    _____<select_name="category">
013    _____<option_hidden>選択してください</option>
014    _____<option_value="1">和食</option>
015    _____<option_value="2">中華</option>
016    _____<option_value="3">洋食</option>
017    _____</select>
018    _____<br>
```

1 「選択してください」用のメニュー項目を入力

2 3つのメニュー項目を順番に入力

3
タグを入力

3 セレクトメニューを作成できた

入力フォーム

料理名：

カテゴリ：選択してください ▼

送信
和食
中華
洋食

ブラウザで入力フォームのページを表示します。カテゴリを選択するためのセレクトメニューが追加されました。メニューをクリックして、設定した3つのメニュー項目が表示されることを確認しましょう。

ラジオボタンを作成する

1 フォームの説明を入力する `form.html`

セレクトメニュー以外にも、複数の項目から選択させる方法としてラジオボタンがあります。ラジオボタンは、性別の選択など項目の中で1つしか選択できないときに使用します。ここでは、料理の難易度を簡単、普通、難しいの3種類から選択してもらうことにします。まずはform.htmlをエディタで開いて、セレクトメニューの記述の下に「難易度：」と入力します❶。

```
017          </select>
018          <br>
019          難易度：————————————  1 「難易度：」と入力
020          <input type="submit" value="送信">
021       </form>
```

今回は取り上げませんが、選択肢から複数の項目を選択する場合に使うものとして「チェックボックス」があります。チェックボックスも <input> タグを使い、typeにcheckboxを指定します。

2 ラジオボタンの項目を作成する

ラジオボタンはテキストの入力フォームと同じく、<input>タグを使います。typeはradioです。ほかの項目と同じく、PHPファイルへの受け渡し用にnameも入力しておきます❶。さらに、以下のPointを参考に、valueと対応する項目名を入力します❷。同じように、ほかの2つの項目も入力します❸、最後に
タグを入力します❹。

> **1** <input>タグのtypeとnameを入力
> **2** valueの値と対応する項目名を入力

```
019 _____難易度：
020 _____<input_type="radio"_name="difficulty"_value="1">簡単
021 _____<input_type="radio"_name="difficulty"_value="2">普通
022 _____<input_type="radio"_name="difficulty"_value="3">難しい
023 _____<br>
```

> **4**
タグを入力
> **3** ほかの項目も同様に入力

Point　valueで選択された項目を数字で管理する

valueはラジオボタンで選択された項目の値を示します。valueに「簡単」「普通」と書くこともできますが、数字にしておくことでプログラムが画面表記上の変更の影響を受けなくて済みます。データベースでも、商品名よりも商品コードで扱うほうが正確です。一般的にラジオボタンのように選択項目を示す場合には、商品名などの名前（テキスト）ではなく商品コードのような数字にする方が、PHPプログラムやデータベースへの受け渡しなどが簡略化できます。

▶ valueと項目名の対応表

value	項目
1	簡単
2	普通
3	難しい

この例では、表示名も短いし選択肢も少ないので、便利さが伝わりにくいかもしれませんが、もっと選択肢が増えてくるとvalueで管理する便利さがわかりますよ。

NEXT PAGE ➡

3 初期に選択されている項目を指定する

続いて、3つの項目の中で初期状態で選択されている項目を指定しましょう。ここでは「普通」が初期状態になっているのが適切ですね。初期状態での選択を指定するには、<input>タグの最後に

checkedと入力します①。これで、「普通」があらかじめチェックされた状態でフォームが表示されます。これでラジオボタンの作成は終わりです。最後にファイルを上書保存します。

```
019 _____難易度：
020 _____<input_type="radio"_name="difficulty"_value="1">簡単
021 _____<input_type="radio"_name="difficulty"_value="2"_checked>普通
022 _____<input_type="radio"_name="difficulty"_value="3">難しい
023 _____<br>
024 _____<input_type="submit"_value="送信">
025 ____</form>
```

1 初期選択の項目にcheckedと入力

4 ラジオボタンが作成できた

入力フォーム
料理名：[   ]
カテゴリ：[選択してください ▾]
難易度：○ 簡単 ◉ 普通 ○ 難しい
[送信]

毎度毎度ですが入力が終わってファイルを上書き保存したらブラウザで確認してください。ラジオボタンの項目が追加され、「普通」が選択されているはずです。

作業をするときは別ウィンドウでエディタと表示用のブラウザを開いた状態で行うと効率よく確認できます。

数字専用の入力フォームを作成する

1 数字専用の入力欄を作成する　form.html

レッスン16で「料理名」の項目を作成しましたが、テキストではなく数字専用の入力フォームの作成もできます。これで料理の予算を入力できるようにしましょう。まずラジオボタンの次の行に「予算：」と入力します❶。<input>タグのtypeにtextを指定しても動作はしますが、HTML5ではnumberという数字入力用のtypeがあるので、ここではそのnumberを

指定します。さらに、minとmaxを指定して数字の入力値の最小・最大のチェックが行えるようにします。nameは「budget」（予算という意味）としておきましょう❷。金額の入力フォームなので、タグを閉じたら「円」と入力しておきます❸。これで完了です。
タグで改行して、保存しておきましょう❹。

```
021          <input type="radio" name="difficulty" value="2" checked>普通
022          <input type="radio" name="difficulty" value="3">難しい
023          <br>                  1 「予算：」と入力        2 <input>タグのtype、min、max、nameを入力
024          予算：<input type="number" min="1" max="9999" name="budget">円
025          <br>                                          3 「円」と入力
026          <input type="submit" value="送信">            4 <br>タグを入力
```

2 数字専用の入力フォームを作成できた

入力フォーム
料理名：
カテゴリ：　選択してください ∨
難易度：　○簡単　●普通　○難しい
予算：　　　円
送信

数字専用の入力フォームの見た目は、レッスン16で作成したテキストの入力フォームと変わりませんが、<input>タグのtypeにnumberを指定しましたね。これはHTML5の数値の入力欄の書き方です。数値の入力欄なので数値以外を入力するとブラウザによってはエラーを表示します。なお、typeにtextを指定しても動作はしますが、ユーザに無効な値を入力をさせる必要はないため、入力する内容にあったtypeを指定するようにしましょう。

● テキストエリアの入力フォームを作成する

1 テキストエリアの入力欄を作成する `form.html`

レシピサイトの肝である、料理の作り方を入力するテキストエリアの入力フォームを作りましょう。作り方はテキストで入力しますよね。勘のいい方は、<input>タグのtypeにtextを指定するのだと考えるかもしれませんが、レシピのような長い文章を記入してもらうには、複数行を扱える入力欄が必要です。

そこで使用するのがテキストエリアです。まずは、数字専用の入力フォームの続きに「作り方：」と入力します❶。続いて、テキストエリアのタグである<textarea>を入力しましょう❷。nameは「howto」としておきます❸。

```
024          予算：<input_type="number"_min="1"_max="9999"_name="budget">円
025          <br>
026          作り方：                              ❶ 「作り方：」と入力
027          <textarea_name="howto">              ❷ <textarea>タグを入力
028          <input_type="submit"_value="送信">   ❸ nameとして「howto」と入力
```

2 入力欄の領域を作成する

テキストエリアは行数や文字数を指定できるのが特徴です。作り方は、たくさん記載したいので横40文字、縦4行の領域を作成します。colsで1行あたりの文字数を、rowsで行数を指定します。この場合だとcols="40" rows="4" maxlength="320"という指

示を<textarea>タグ内に記述します❶。<textarea>タグは</textarea>で閉じる必要があるので、こちらも入力しておきます❷。これでテキストエリアの作成は完了です。
タグを入力して❸、ファイルを上書き保存しましょう。

```
026          作り方：                              ❶ 文字数と行数、最大文字数を指定
027          <textarea_name="howto"_cols="40"_rows="4"_maxlength="320">
             </textarea>                          ❷ </textarea>タグを入力
028          <br>
029          <input_type="submit"_value="送信">
030      </form>                                  ❸ <br>を入力
031  </body>
032  </html>
```

3 テキストエリアを作成できた

入力フォーム
料理名：
カテゴリ： 選択してください ▼
難易度： ○簡単 ●普通 ○難しい
予算： 円

作り方：

送信

これまでどおり、ブラウザでフォームの
ページを表示します。テキストエリアが
作成されましたね。指定した文字数と
行数に合わせて入力フォームが作成さ
れています。

👍 ワンポイント エディタとブラウザを別ウィンドウで並べて表示させる

ここまでのレッスンで、ファイルに新しい要素
を追加・修正してはエディタを閉じたり開いた
り、ブラウザのURLを指定したりして確認を繰
り返していましたよね。エディタとブラウザの
ウィンドウを2つ、左右に同時に表示したまま
にすると、効率よく修正内容の確認を行えます。
画面のように、左側にエディタ、右側にブラウ
ザを配置して、HTMLファイルやPHPファイルの
修正が終わったら、いったん保存します。この
とき、エディタの画面は開いたままにしておき

ます。保存したら右側のブラウザにURLを入力
して確認します。思ったとおりの画面が表示さ
れたでしょうか？ されなかった場合は、再度
開いているエディタに戻り、修正後、上書き保
存を行います。この再確認時はブラウザの更新
アイコンをクリックするか、WindowsのEdge、
Internet ExplorerやGoogle Chromeの場合はCtrl＋R
キーを、MacのSafariやGoogle Chromeの場合は
command＋Rキーを押して更新します。
このようにすると、追加・修正したところが正
しいかどうかをすぐに判断できるので、ぜひ試
してみてください。なお、フォームに入力して
送信ボタンをクリックした後の値の表示画面で
ブラウザを更新すると、フォームの再送信の確
認メッセージが表示されます。そのままOKし
て確認するか、入力画面に戻って確認するかは
状況で判断しましょう。また、VS Codeの拡張
機能で右側にプレビュー画面を表示することも
可能です。

Windowsの場合、タスクバーの上で右クリックして、表示された
メニューの［ウィンドウを左右に並べて表示］をクリックすると、画
面のようにピッタリ2つのウィンドウを並べて表示できて便利ですよ。

Lesson 19 ［変数の理解］
変数を理解して 値の扱い方を覚えましょう

このレッスンの ポイント

前のレッスンでいろいろな入力フォームを作成しました。すでに送信ボタンも押して確認した人もいるかもしれませんね。このレッスンではPHPに入力データ（値）がどのように受け渡されているのか、そして、特に重要な「変数」の扱い方をしっかり学びます。

➔ フォームの値はどのようにPHPに渡っているか

フォームの各項目に内容を入力して送信ボタンをクリックすると、下図のように表示されるはずです。レッスン17では料理名の「racipe_name」が表示されただけでしたが、今回は追加した項目の入力内容がずらりと並んでいますね。つまり、$_POSTという1つの変数の箱の中に、各項目から入力された複数の値が加わっている状態です。ここからは、この複数の値を自在に扱って料理レシピアプリの確認画面を作っていきますが、そのために必要な「変数」について次のページから詳しく解説していきます。

▶ 入力フォームから受け渡された内容が表示される

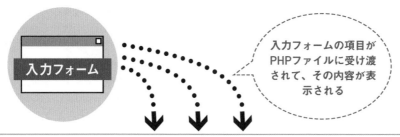

入力フォーム

入力フォームの項目がPHPファイルに受け渡されて、その内容が表示される

Array ([recipe_name] => カレーライス [category] => 3 [difficulty] => 2 [budget] => 1000 [howto] => 1.玉ねぎと鶏肉を炒める 2.水を800ml加えて10分煮る 3.ルーを加えてさらに10分煮る)

「変数」について理解すれば、これらの値を自在に扱えるようになりますよ。

→ 一時的に値を保持しておくのが「変数」

レッスン17でも変数について説明しましたが、ここではもう少し実際のプログラミングに沿った形で解説していきます。数字や文字を入れる箱のようなもので「$変数名」で表すことは覚えていると思いますが、プログラムでは、一時的に値に保持しておくためなどに変数を使います。値を入れる箱を作っておいて、使うときまで値を保持しておくわけです。下のコードを見てみましょう。$a、$b、$answerが変数で、=の右辺の値を保持しています。この保持す

ることを「代入」といい、=を「代入演算子」といいます。コードでは $aに1を、$bに2を代入しています。左辺と右辺がイコールという意味ではありませんよ。$answerには右辺で$aと$bを足しているので1+2の結果が代入されます。echoはecho以降の文字列や数字などを表示するという命令なので、$answerに保持された値を表示します。このコードをanswer.phpといった名前で保存してブラウザで表示してみましょう。「3」とだけ表示されましたか？

▶ 変数に数値を代入したコード例

```
001 <?php
002 $a _ = _ 1;
003 $b _ = _ 2;
004 $answer _ = _ $a _ + _ $b;
005 echo _ $answer;
006 ?>
```

・・・・→ 3

> 足し算は「+」、引き算は「-」、掛け算は「*」(アスタリスク)、割り算は「/」(スラッシュ)を使います。×や÷ではないのを覚えておきましょう。

👍 ワンポイント 変数名のルールを覚えておこう

変数名のルールは$からはじまり、半角英数字と_（アンダースコア）が使えます。ただし、$の後に数字は使えません。また、英字の大文字と小文字は区別されます。-（ハイフン）などの記号は使ってしまいがちなので注意しましょう。

▶ 変数名の例

正：	$name	$recipe_name
	$address2	$_recipe
誤：	365recipe	$recipe-name
	$hot!	$¥100

→ 変数には文字列も代入できる

変数には文字列も代入できます（下図の上コード）。文字列を代入する場合は"（ダブルクォーテーション）か'（シングルクォーテーション）で文字を囲います。$aと$bには共に文字列を代入しています。4行目では2つの文字列をつなげています。このように文字列をつなげる場合は.（ピリオド）を使い、.のことを「文字列結合演算子」といいます。ダブルクォーテーションとシングルクォーテーションの違いは、変数を値に置き換えるか否かです。ダブルクォーテー

ションは文字列内の変数を値に置き換え、シングルクォーテーションは置き換えません。これは実際のコードと出力結果を見た方が理解しやすいと思います（下図の下コード）。コードを実行すると、ダブルクォーテーションで囲った場合は$aに代入した値（「サンプル」という文字列）が文の最後に文字として追加されていますが、シングルクォーテーションで囲った場合は$aと変数の形のまま表示されていますね。

▶ 変数に文字列を代入したコード例

```
001 <?php
002 $a_=_'いちばんやさしい';
003 $b_=_'PHP';
004 $title_=_$a_._$b;
005 echo_$title;
```

> いちばんやさしいPHP

▶ ダブルクォーテーションとシングルクォーテーションの違い

```
001 <?php
002 $a_=_'サンプル';
003 echo_"これはダブルクォーテーション$a<br>";
004 echo_'これはシングルクォーテーション$a';
```

> これはダブルクォーテーションサンプル
> これはシングルクォーテーション$a

👍 ワンポイント PHPの終了タグは省略できる

PHPの終了タグ（?>）は、HTMLとPHPが混在している場合は必要ですが、ファイル全体がPHPのコードだけの場合は、コードの最後の終了タグは省略することが推奨されています。

終了タグの後に余分な空白や改行があると、正しく動作しない場合があるんです。

→ 複数の値を1つの変数に格納できる「配列」

$_POSTの中にフォームから入力された各項目の値が複数格納されているように、複数の値を1つの変数に格納することもできます。これを「配列」といいます。$_POSTという1つの大きな箱の中に、複数の小さな箱が入っているイメージをしてみてください。小さな箱にはそれぞれラベルが貼ってあります。入力フォームの作成時に、nameとして項目名を付けていきましたね。その名前が箱のラベルとして貼ってあるのです。このラベルのことを「キー」といいます。配列を設定する場合は[キー => 値,キー2 => 値2,キー3 => 値3,]のように記述します。この書式はどこか

で見たことがありますよね。フォームに料理のレシピを入力して送信ボタンを押した際に表示される確認画面と同じです（89ページ）。print_r関数は()内の内容を見やすい形で表示するものなので、変数の中の配列を表示しているわけです。キーは省略することも可能で[値, 値2, 値3]と記述した場合、先頭から順番に数字の0、1、2とキーが設定されます。[]で配列を定義しましたが、旧来のarray()を用いた書き方も可能です。なお、配列の定義が複数行になる場合は、最後の要素のあとに、（カンマ）を付けるのが一般的です。

▶ 複数の値を含む変数

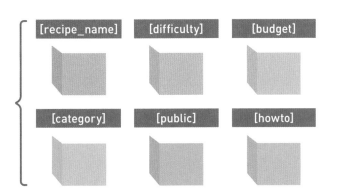

▶ 配列を設定する書式①

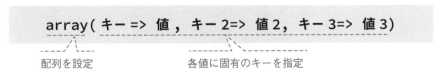

[キー => 値 , キー 2=> 値 2 , キー 3=> 値 3]

各値に固有のキーを指定　　　[ ]で配列を設定

▶ 配列を設定する書式②

array(キー => 値 , キー 2=> 値 2 , キー 3=> 値 3)

配列を設定　　　各値に固有のキーを指定

変数の中から特定の値だけを取り出せる

さて、変数の配列、そして$_POSTの中身がどうなっているかは理解できましたか？　重要なのはここからです。例えば、次のレッスンから入力フォームの確認画面を作りますが、その際に、受け渡された値をそれぞれどこに表示するかを決めていきます。となると、$_POSTの中、つまり変数の中から特定の値だけ取り出せるように指定できなければなりま

せん。そこで、利用するのが「キー」の指定です。下図の書式のように、変数の中のどのキーの値かということを指定することで、特定の値を取り出せるのです。下のコード例ではecho $fruits[0]という命令が呼ばれ、$fruitesのキーが0の値を取り出しています。キーは [ ]（角括弧）で囲って指定し、下のコード例のように文字列を使うこともできます。

▶ 特定のキーを参照する書式

$ 変数名 [キー]　・・・・▶　$_POST['recipe_name']

入力フォームから　　料理名のフォームに入力
受け渡された値　　　された値を取り出すキー

▶ キーに数値を使ったコード例

```php
001 <?php
002 $fruits = ['りんご', 'バナナ', 'メロン'];
003 echo $fruits[0];
004 echo $fruits[1];
```

キーに数値を指定し取得

・・▶ りんごバナナ

▶ キーに文字列を使ったコード例

```php
001 <?php
002 $home = ['address1'=>'東京都', 'address2'=>'千代田区', 'tel'=>'03-0000-XXXX'];
003 echo $home['address1'];
004 echo $home['address2'];
005 echo $home['tel'];
```

キーに文字列を指定し取得

・・▶ 東京都千代田区03-0000-XXXX

キーを指定する際は、変数に文字列を代入するときと同様に、キーが文字列の項目であればシングルクォーテーションかダブルクォーテーションで囲う必要があります。

● 画面上に料理名を表示する

1 echoで料理名を表示する `receive.php`

キーを使った値の表示方法を利用して、料理名を
画面上に表示してみましょう。レッスン17で作成し
たreceive.phpをエディタで開きます。print_rの次の
行から記述していきます。画面上に指定の文字列
を表示したいときはechoという命令（コマンド）を

使います❶。引数には['recipe_name']をキーに指
定した$_POST['recipe_name']を設定します❷。命
令文の最後に;（セミコロン）を入力するのも忘れず
に❸。これでひとまず完成です。ファイルを上書き
保存しましょう。

```
001 <?php
002 print_r($_POST);                          1  echoと入力
003 echo $_POST['recipe_name'];              2  引数に$_POST['recipe_name']を入力
004 ?>                                        3  文末に;（セミコロン）を入力
```

Point echoの役割を知ろう

echo $_POST['recipe_name'];

文字列を表示　　　　　　表示したい内容を記述

> printというとてもよ
> く似たものもありま
> すが、本書で学ぶ
> 内容では、どちらを
> 使っても結果に違
> いはありません。

echoはとにかくなんでも出力して表示します。文字列でも数字でも、ブ
ラウザに出力するときはechoを使いましょう。ブラウザに出力するという
ことは、PHPの変数だけを出力するのではなく、変数になっていない文
字列も出力できます。これを用いて「echo "" . $test . "\n";」のよ
うにHTMLタグの効果を有効にして出力することできますよ。

2 料理名を表示できた

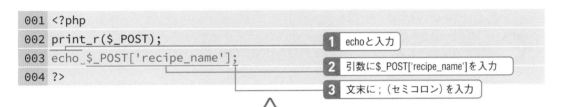

[recipe_name] => カレーライス

Array ([recipe_name] => カレーライス [category] => 3 [difficulty] => 2 [budget] => 1000 [howto] => 1.玉ねぎと鶏肉を炒める 2.水を800ml加えて10分煮る 3.ルーを加えてさらに10分煮る) カレーライス

カレーライス

form.htmlの送信ボタンをクリックすると、
フォームから受け渡された$_POSTの値の
中から料理名の入力内容だけを表示でき
ました。指定するキーを変更すれば、ほ
かの項目も表示させられます。

Lesson 20

［セキュリティー対策］
プログラムの公開に伴う
リスクを理解しておきましょう

**このレッスンの
ポイント**

ここで前に進むのをやめて大切な話をします。プログラムは社内や個人だけでなく、公開して不特定多数の人が使用することもあります。その場合、悪意を持ったユーザーのことも考慮しなければなりません。いきなりおどかすようですが、このような防御策を考えることは不可欠なことです。

→ 悪意のある入力を防ぐ「htmlspecialchars関数」

簡単なプログラムを使って解説します。入力された内容を自分自身にPOSTして、POSTした内容をechoで表示するという下記のプログラムを、htmlsp.phpとして保存してブラウザで表示してみましょう。最初は$_POST['test']がないので、画面に「Warning: Undefined array key〜」とメッセージが表示されますが、気にせずに進んでください。まずは普通に入力した値が画面に表示されることを確認してください。続いて入力フォームに<script>alert("危険")</script>と入力してみましょう。小さなウィンドウでメッセージが表示されましたか？ これはフォームに入力されたJavaScriptが実行されてしまった例です。悪意のあるJavaScriptが実行されると、情報の流出やなりすましなどのセキュリティーリスクの可能性が高まります。こうしたケースを防ぐためにはecho htmlspecialchars($_POST['test']);のように、表示する文字列すべてに「htmlspecialchars関数」を指定します。これにより、送信ボタンを押したときに「<script> alert("危険")</script>」のように、単なる文字として変換されて画面に表示されます。

▶ サンプルプログラム(htmlsp.php)

```
001 <form_method="POST"_action=
    "htmlsp.php">
002 <input_type="text"_name="test">
003 <input_type="submit">
004 </form>
005 <?php
006 echo_$_POST['test'];
007 ?>
```

▶ 悪意のある入力例

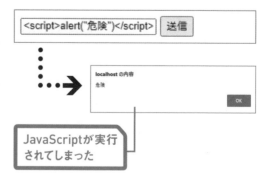

JavaScriptが実行
されてしまった

悪意のある入力を防ぐ

1 htmlspecialcharsを追加する `receive.php`

「receive.php」を開いてください。echoで表示する文字列をブラウザで安全に表示できる状態に変換するhtmlspecialcharsコマンドを追加します❶。追加するのは引数の前です。このコマンドを利用する

ときは、ユーザー入力のクォーテーション文字も無害化の対象に含めるためのENT_QUOTES❷という記述も忘れずに追加してください。入力できたらファイルを上書き保存します。

```php
001 <?php
002 print_r($_POST);
003 echo htmlspecialchars($_POST['recipe_name'], ENT_QUOTES);
004 ?>
```

1 htmlspecialcharsと()を入力

2 ENT_QUOTESと入力

2 文字列を安全に表示できるようになった

これで入力フォームから悪意のある入力を防げるようになりました。試しに入力フォームの料理名の欄に「<h1>カレー</h1>」とHTMLタグを付けて入力し、送信ボタンをクリックしてみてください。HTMLタグが反映されずに、そのまま表示されます。記号を含んだ文字列をHTML上に正しく表示することを徹底すると、クロスサイトスクリプティング（XSS）と呼ばれるWebサイトの脆弱性を突いた攻撃を防げます。

Lesson 21 ［条件判定］ 入力値を判定して わかりやすく表示しましょう

このレッスンの ポイント

「料理名」に入力された値が表示できるようになりましたが、ほかの項目も同様に表示できるようにしましょう。まずは、セレクトメニューで受け渡された内容を表示する方法です。セレクトメニューの表示にはプログラミングの基本でもある「条件判定」を使いますよ。

→ 数字で受け渡された値をわかりやすく表示する

print_r関数によって表示された結果を見ると、セレクトメニューとラジオボタンで選択した項目については1、2、3といった数字で表示されます。データとしてはこれで問題ないのですが、このまま画面に表示したのではユーザーには何のことだかわかりませんよね。そこで「値が3の場合は洋食」のように、条件判定を使ってわかりやすい出力を行いましょう。

▶ print_rの出力結果

選択された内容が数字 の値で受け渡される

ユーザーがわかる値 に変換して表示する

```
[recipe_name] => カレーライス
[category] => 3
[difficulty] => 2
[budget] => 1000
[howto] => 1.玉ねぎと鶏肉を炒める～
```

```
3 => 洋食
2 => 普通
1000 => 1,000
```

数字で受け渡されたら何を表示する、といった仕組みを用意する必要があります。

条件を判定して動作を決める

プログラムを実行するためには「ある条件の場合は○○を行う」といった設定をする必要が出てきます。条件によって振る舞いを変えるということです。条件というと難しく感じてしまいますが、普段の行動に当てはめて考えてみれば簡単ですよ。例えば、朝家を出るときに雨が振っていれば、傘を持って出か

けますよね。逆に晴れていれば、傘は持っていきません。このような判断を行うことをプログラムでは「条件判定」といいます。条件判定の仕組みを使えば、セレクトメニューの入力結果で「1」が受け渡されたら「和食」と表示するといった設定ができるようになります。

▶ 条件判定のフローチャートの例

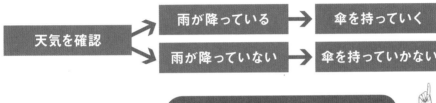

普段わたしたちがしている判断をプログラムに置き換える感覚です。

コンピュータに命令を伝える

条件判定がどのようなものかはわかりましたか？ これをコンピュータに伝える必要があります。でも、コンピュータは融通がきかないので、「雨が降っている」とわかっても「傘を持っていこう」まですぐには結びつきません。同様に、「この数字をメニュー名に変えておいて」と伝えても伝わらないのです。融通がきかないのでプログラミングでは書式が決まっ

ています。英語の文法のようなもので、書式に沿って伝えることでコンピュータは理解し、実行してくれます。条件判定では、下の図のように「if」という構文（書式のこと）を使って条件を指定して、そのうえでどんな動作（処理）をするのかをきっちり決めてあげる必要があるのです。

▶ 条件判定の書式(if構文)

```
if ( 条件 ) {
    処理1;
    処理2;
}
if ( 条件 ) 処理 ;
```

(条件)に当てはまるときに{ }の中に書かれた処理を行います

処理が一行のときは{ }なしでも記述できます

では、実際にセレクトメニューで受け取った値を表示してみましょう。

● 条件判定でセレクトメニューの値を表示する

1 HTMLのヘッダ部分を入力する `receive.php`

ここでは、料理のカテゴリを選ぶセレクトメニューの入力データを、条件判定を使って表示します。「receive.php」を開いてください。まずHTMLのヘッダ部分を入力します❶。<title>タグには「出力結果」と入力しておきましょう❷。カテゴリは料理名の次

に表示するため、改行しておきます。PHPモード内ではHTMLタグもechoを使って記述します。HTMLタグは文字列として扱われるため、'<br>'のようにシングルクォーテーションで囲います❸。 最後に</body>と</html>も忘れずに入力しておきましょう❹。

```
001  <!DOCTYPE_html>
002  <html_lang="ja">
003  <head>
004  ____<meta_charset="UTF-8">          1 ヘッダ部分を入力する
005  ____<title>出力結果</title>          2 タイトルに「出力結果」と入力
006  </head>
007  <body>
008  ____<?php
009  ____print_r($_POST);
010  ____echo_htmlspecialchars($_POST['recipe_name'],_ENT_QUOTES);
011  ____echo_'<br>';          3 echoで<br>を入力
012  ____?>
013  </body>
014  </html>
```

👍 ワンポイント 条件式の==と===

どちらも左辺と右辺が等しいかの判定を行います（否定の場合は!=と!==）。この2つにはいくつかの違いがあります。「1 == '1'」はtrue（等しい）になりますが、「1 === '1'」はfalse（等しくない）

になります。普段は==で比較を行い、型まで含めた比較が必要な場合には、===を利用してください。なお、型についてはレッスン29で詳しく解説します。

▶PHP公式ドキュメント 比較演算子
https://www.php.net/manual/ja/language.operators.comparison.php

2 ┊ 条件判定の書式を入力する

それでは、いよいよ条件判定の書式の記述していきます。レッスン18でセレクトメニューを作成した際に、和食を1、中華を2、洋食を3という値で受け渡すように設定したので、今度は1を受け取ったときは「和食」、2は「中華」、3は「洋食」という文字列をそれぞれ表示するように設定すればいいのです。まずは「1」という値を受け取ったときの条件判定を入力します。以下のPointを参考に、ifと入力してその後に条件と処理を入力していきましょう❶。

```
011 ＿＿＿＿echo＿'<br>';
012 ＿＿＿＿if＿($_POST['category']＿==＿'1')＿echo＿'和食';  ─ 1  ifを使って条件と処理を入力
013 ＿＿＿＿?>
```

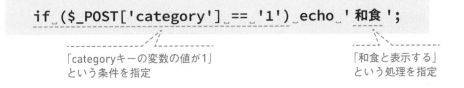

Point 条件判定(if構文)の書式

```
if＿($_POST['category']＿==＿'1')＿echo＿'和食';
```

「categoryキーの変数の値が1」という条件を指定

「和食と表示する」という処理を指定

3 ┊ ほかの値の場合の条件判定を追加する

同様に、中華と洋食を示す2か3の値を受け渡されたときの処理も追加します❶。書き方はまったく同じです。入力できたら最後に再びechoで
タグを入力して改行し、次の項目の結果を表示するための準備をしておきます❷。今回はここまでです。ファイルを上書き保存しておきましょう。

```
011 ＿＿＿＿echo＿'<br>';
012 ＿＿＿＿if＿($_POST['category']＿==＿'1')＿echo＿'和食';
013 ＿＿＿＿if＿($_POST['category']＿==＿'2')＿echo＿'中華';   ─┐ 1  値が2と3の場合の条件
014 ＿＿＿＿if＿($_POST['category']＿==＿'3')＿echo＿'洋食';   ─┘    判定をそれぞれ入力
015 ＿＿＿＿echo＿'<br>';  ─────────────────────── 2  echoで<br>を入力
016 ＿＿＿＿?>
```

4 | 条件判定でセレクトメニューの入力内容を表示できた

入力フォームから料理のカテゴリを選択して送信し　が表示されます。
てみましょう。セレクトメニューで選択した入力内容

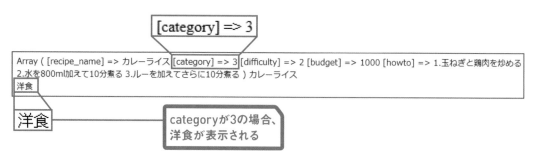

[category] => 3

Array ([recipe_name] => カレーライス [category] => 3 [difficulty] => 2 [budget] => 1000 [howto] => 1.玉ねぎと鶏肉を炒める 2.水を800ml加えて10分煮る 3.ルーを加えてさらに10分煮る) カレーライス
洋食

洋食 ── categoryが3の場合、洋食が表示される

5 | print_rの内容を非表示にする

変数の内容を確認にするのに便利なprint_r関数ですが、もう確認する必要はないので非表示にしましょう。コード自体を削除してもかまいませんが、コードの行頭に//（スラッシュを2つ）を加えること

で「コメント化」できます❶。これにより「プログラムに書いてはあるけど実行させない」ことが可能です。なお、コメントについては240ページで解説しているので、読んでおいてください。

```
008 　　　<?php
009 　　　//_print_r($_POST);  ──1 行頭に//を入力
010 　　　echo_htmlspecialchars($_POST['recipe_name'],_ENT_QUOTES);
011 　　　echo_'<br>';
```

カレーライス
洋食

再度入力フォームから送信すると、$_POSTに保持されている値が表示されなくなりました。これからはこの状態で進めます。

👍 ワンポイント 読みづらいprint_rの内容を見やすくしよう

前ページでは、print_r関数の行をコメントアウトして、実行されないようにしました。ここではもう1つprint_r関数に関する裏技を紹介しましょう。変数の内容を確認するのに便利なprint_r関数ですが、変数の内容が多くなってくると、とても見にくくなってしまいます。実は、この内容を整理して見やすくしてくれる便利なHTMLのタグがあります。それが\<pre\>タグで、

\<pre\>タグはコード中のスペースや改行をそのまま表示します。これをprint_rの出力に利用すると、\<pre\>〜\</pre\>で囲んだ部分を下の画面のように整列して見やすく表示してくれます。具体的には、半角スペースや改行をHTML上でも反映して表示しているんです。変数の内容が多くなってきたときには、ぜひ試してみてください。

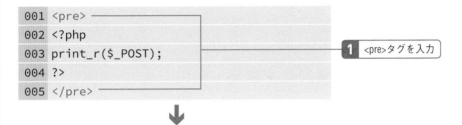

```
001 <pre>
002 <?php
003 print_r($_POST);
004 ?>
005 </pre>
```

1 \<pre\>タグを入力

```
    Array
(
    [recipe_name] => カレーライス
    [category] => 3
    [difficulty] => 2
    [budget] => 1000
    [howto] => 1.玉ねぎと鶏肉を炒める
2.水を800ml加えて10分煮る
3.ルーを加えてさらに10分煮る
)
```

改行されて見やすく表示されました。

この\<pre\>タグを使った技は、後のレッスンで登場する「var_dump」というprint_r関数より詳しく変数の情報を表示する関数に対しても有効ですよ。

🅟 POINT

print_r()やvar_dump()は便利なコマンドです。しかし、変数の内容がすべて出力されてしまうため、大変危険をはらんでいます。プログラムの修正を行うデバッグ時のみ使用するようにしましょう。デバッグが完了したら絶対に削除しておきましょう。

22 ［if〜elseの書式］
条件に当てはまらない場合の
動作を設定しましょう

**このレッスンの
ポイント**

条件判定の基本はわかりましたか？ うまく入力内容を表示できるようになりましたね。でも、これだけではうまくいかない場合もあります。セレクトメニューは3つの選択肢しか条件はありませんでしたが、もっとたくさん条件を設定する場合はどうしたらいいのでしょう。

→ コンピュータは融通がきかない

レッスン21の出かけるときに傘を持っていくかどうかの例で考えてみましょう。雨が降っていたら、傘を持っていくという話です。PHP風に書くと下の図のようになりますね。でも、コンピュータは融通がきかないんでしたよね。これだけでは、晴れているときは「何もしない」ことになってしまいます。そこで、

晴れているときの条件を追加します。これで晴れの日も出かけられるようになりました。では、雪の日はどうでしょう。ひょうが降る日も、みぞれが降る日もあるかもしれません。条件を追加していくときりがありませんね。

▶ 条件の追加が追い付かないことも

雨の日以外は何もしない

```
if_( 雨が降っている )_傘を持って出かける
```

雨の日と晴れの日以外は何もしない

```
if_( 晴れている )_出かける
if_( 雨が降っている )_傘を持って出かける
```

条件を指定するだけではきりがないときもあります。

→ 条件に当てはまらなかったときの動作を決められる

困ってしまいました。ここで利用できるのが、条件に当てはまらないときの動作を決める方法です。if〜elseという構文を使って記述します。elseとは「○○でなければ」という意味を持つ英単語です。PHPでは、右の図のように記述することで前の条件を満たさない場合○○をするという書き方ができます。これで、晴れの日は普通に出かけて、晴れの日以外は傘を持って出かけるというように指定できますね。

▶ if〜else構文の書式

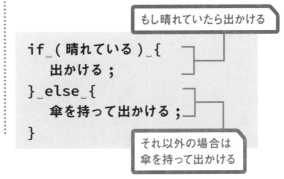

→ 2つ目の条件も加えられる

これでどんな天気の日でも出かけられるようになりましたね。あっ、1つ忘れていました。くもりの日はどうなるのでしょうか? このままだと、晴れの日以外なので、意味もなく傘を持っていくことになってしまいます。こんなときに使えるのが「elseif」という

構文です。これを下の図のようにifとelseの間に追加することで、さらに条件を追加できます。elseifは複数追加できるので、Aの条件なら○○、Bの条件なら××、Cの条件なら△△、それ以外なら□□と細かく条件を指定できます。

▶ elseifの使い方

```
if_( 晴れている )_{
    出かける ;
}_elseif_( くもっている )_{      それ以外で、もしくもっ
    出かける ;                     ていたら出かける
}_else_{
    傘を持って出かける ;
}
```

図を見ると「出かける」と「傘を持って出かける」の部分の行頭に、スペースが空いていますね。これは「インデント」といって、ある条件下で実行する固まりをわかりやすくするものです。インデントはキーボードの Tab キーで入力するのが一般的です。

if〜elseでラジオボタンの入力内容を表示する

1 | 1つ目の条件を入力する   receive.php

ではプログラムを書いていきましょう。「receive. php」を開いてください。レッスン21で追加したカテゴリの続きに、ラジオボタンで選択した難易度の値を表示しましょう。難易度は「簡単」が1、「普通」が2、「難しい」が3という値で受け渡されるように設定しましたね。まずは、通常の条件判定と同じよう

に、もし値が1のときに「簡単」と表示されるように入力します❶。今回は、それ以外の条件の場合も追加するので、処理が複数あることになります。処理が複数になると複雑で間違いやすくなるので処理を{〜}（中括弧）で囲いましょう。

```
014 ____if_($_POST['category']_==_'3')_echo_'洋食';
015 ___echo_'<br>';
016 ____if_($_POST['difficulty']_==_'1')_{
017 _____echo_'簡単';
018 ___}
```

1 ifの条件と動作を入力

2 | 2つ目の条件を追加する

2つ目の条件にはelseifを使うんでしたね。では、値が2のときに、「普通」と表示されるように条件を追

加しましょう❶。ifがelseifに変わるだけで、特に書き方に違いはありませんよ。

```
015 ___echo_'<br>';
016 ____if_($_POST['difficulty']_==_'1')_{
017 _____echo_'簡単';
018 ____}_elseif_($_POST['difficulty']_==_'2')_{
019 _____echo_'普通';
020 ____}
```

1 elseifを使って2つ目の
条件と動作を入力

命令文の区切りを表す;（セミコロン）の位置に注意しましょう。また、処理の行をインデントしてコードをわかりやすくしてみましょう。

3 | それ以外の場合の動作を追加する

これで、2つ目の条件と動作を追加できました。難易度の選択は3段階に設定したので、残るは3の値、つまり「難しい」の表示ですね。2つ目と同様にelseifでよいですが、elseを試してみましょう。「それ以外であれば」を示すのがelseでしたね。値が1でも

なく、2でもないときに「難しい」が表されるようにします。elseの場合、条件は書く必要がないので、{〜} 内に動作だけを入力しましょう❶。最後にechoで
タグを入力し❷、ファイルを上書き保存して完了です。

```
015 ____echo_'<br>';
016 ____if_($_POST['difficulty']_==_'1')_{
017 _____echo_'簡単';
018 ____}_elseif_($_POST['difficulty']_==_'2')_{
019 _____echo_'普通';
020 ____}_else_{
021 _____echo_'難しい';
022 ____}
023 ____echo_'<br>';
024 ____?>
025 </body>
026 </html>
```

❶ elseを使って3つ目の動作を入力

❷ echoで
を入力

4 | if、elseif、elseを使って入力内容を表示できた

カレーライス
洋食
普通

これで、難易度を表示できました。条件判定の使い方はマスターできましたか？ よく使う書き方なので、ここでしっかりマスターしておきましょう。実際には、このif〜elseを用いて入力されるはずのない値が入力されたときは、エラーとするのがいいでしょう。レッスン34ではさらに細かいエラーチェックの書き方をお伝えします。ぜひ最後までがんばって進めてください。

レッスン21で作成した「カテゴリ」も、ここで説明した「if〜else」を使った書き方で書くこともできます。

Lesson 23 [match式]
複数の条件の判定処理を見やすくしましょう

**このレッスンの
ポイント**

PHP 8よりmatch式が利用できるようになりました。変数の判定など条件によってはif構文より少ない行数で書けるため見やすくなり、バグも発生しにくくなります。PHP 7以下でmatch式を利用するとエラーになるので注意してください。

→ match式を使った条件の判定処理

match式の()には値を判定したい変数を入れ、{}内にカンマ区切りで値 => 返す値を並べます。変数と値が一致した場合、=>のあとの値を返します。値1と値2で同じ値を返したいときは、値1, 値2 => 返す値という形で1つにまとめることも可能です。どの条件にも一致しない場合、defaultの値を返します。

▶ match式の書式

```
$変数1 = match ($変数2) {
    値1 => 返す値,
    値2, 値3 => 返す値,
    default => 返す値,
};
```

> **$変数2が値1、値2、値3と一致するかを判定**

> **defaultは省略可能**

▶ match式を使ったコード例

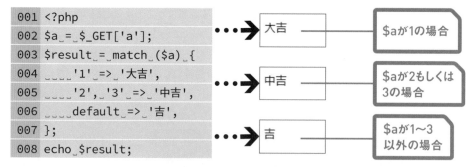

```
001 <?php
002 $a = $_GET['a'];
003 $result = match ($a) {
004     '1' => '大吉',
005     '2', '3' => '中吉',
006     default => '吉',
007 };
008 echo $result;
```

大吉 ··· **$aが1の場合**

中吉 ··· **$aが2もしくは3の場合**

吉 ··· **$aが1〜3以外の場合**

match式を使ってみよう

1 if構文をmatch式に書き換える `recive.php`

レッスン21❶、22❷で入力したif構文（12～23行目）をmatch式に書き換えます。値 => 返す値の組合せは、カテゴリは1が「和食」、2が「中華」、3が「洋食」です。また難易度は、1が「簡単」、2が「普通」、3が「難しい」です。matchのあとの()内には、$_

POST['category']と$_POST['difficulty']を記述してください。{}内には1行ずつ1、2、3の場合を追加してください。最後にmatch式で取得した文字列と改行をするための
をピリオドでつなぎます。

```
011 ____echo_'<br>';
012 ____echo_match_($_POST['category'])_{
013 _____'1'_=>_'和食',
014 _____'2'_=>_'中華',
015 _____'3'_=>_'洋食',
016 ____}_._'<br>';
017 ____echo_match_($_POST['difficulty'])_{
018 _____'1'_=>_'簡単',
019 _____'2'_=>_'普通',
020 _____'3'_=>_'難しい',
021 ____}_._'<br>'
022 __?>
```

1 カテゴリのif構文を書き換える

2 難易度のif構文を書き換える

2 動作を確認する

```
カレーライス
洋食
普通
```

入力フォームから値を選択して、動作を確認してみましょう。115ページと同じ結果が得られるはずです。難しいの判別をレッスン22のelseのように書くのであれば、defaultで記述してみてください。

> 値 => 返す値の組合せを区切るカンマを忘れるとエラーになるので、気を付けましょう。

Lesson 24 ［数字の出力］
数字の入力結果を
出力できるようにしましょう

**このレッスンの
ポイント**

次は予算に入力した金額を表示できるようにしましょう。今度は選択値を数値に置き換えるなどの難しい処理は必要ありません。3桁ごとにカンマで区切って見やすく表示したり、数字以外を入力された場合に対処したりと、別の部分での処理が重要になります。

→ 数字をカンマで区切って表示する

それでは「予算」に入力された値を表示させましょう。金額の表示は数字だけが並んでいると読みにくいため、カンマで区切って表示するのが一般的ですね。ここでも、予算の金額をカンマ区切りで表示してみましょう。PHPには「フォーマット」という表示を変更する関数がたくさんあります。カンマ区切りで表示するにはnumber_formatの関数を使いましょう。number_formatの引数に、['budget']をキーに指定した$_POST['budget']を設定するだけです。

▶ **カンマ区切りのフォーマット**

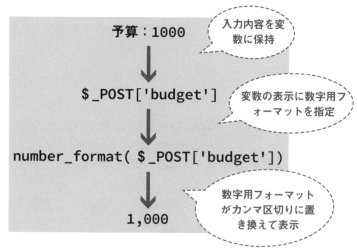

予算：1000

入力内容を変数に保持

$_POST['budget']

変数の表示に数字用フォーマットを指定

number_format($_POST['budget'])

数字用フォーマットがカンマ区切りに置き換えて表示

1,000

number_formatを指定しておくだけで、数字が自動的にカンマ区切りで表示されるようになります。

→ 数字以外を入力するとエラーが表示される

予算の入力フォームは、数字専用のフォームとして作成しましたね。Google Chromeなどのほとんどのブラウザでは、数字専用フォームに数字以外を入力しようとすると「数字を入力してください」といったメッセージを表示してくれますが、そうでないブラウザもあります。また、何かの理由で数値専用フォームが使われなかった場合に、前ページで解説した数字用のフォーマットを追加した状態で、数字以外の内容を入力して送信ボタンをクリックすると、表示画面で下のようにエラーが表示されてしまうのです。いきなり、こんなメッセージが表示されるとビックリしてしまいますよね。

▶ 数字以外が入力されたときの画面

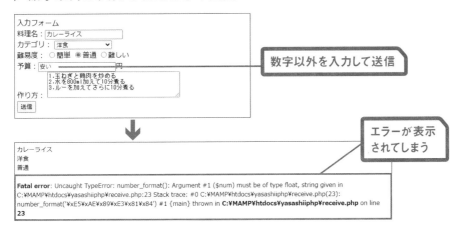

→ 条件判定を利用して数字以外は受け付けないようにする

数字以外を受け付けないようにするにはどうしたらいいのでしょうか？ 実はこれまでに説明した条件判定を利用すると実現できます。指定した引数が数字か否かを判定する「is_numeric」という関数を利用します。条件部分にis_numericを使って、予算が数字で入力されているかどうかを判定すればいいのです。

▶ 入力内容を確認する条件判定

もし指定した変数が数字なら

```
if (is_numeric($_POST['budget'])) {
    echo number_format($_POST['budget']);
}
```

数字のフォーマットで変数の値を表示する

119

● 受け取った数字を正しく表示する

1 入力内容は数字であるかを確認するため条件を指定する receive.php

「receive.php」を開き、レッスン23で書き換えた match式の続きに入力します。まずは予算の項目に 入力されたのが数字かどうかを判定します。ifと入力 して、続く( )内に数字かどうかを判定するための関

数is_numericを入力します❶。さらに、is_numeric の引数には ['budget'] をキーに指定した$_POST ['budget']を設定します❷。

```
021 ＿＿＿＿}＿.＿'<br>';
022 ＿＿＿＿if＿(is_numeric($_POST['budget']))
023 ＿＿＿＿?>
024 </body>
025 </html>
```

1 ifの条件としてis_numericを入力

2 判定する変数に$_POST['budget']を入力

2 数字のフォーマットで値を表示する

変数の中身が数字であることを判定する設定がで きました。続いて、判定の結果、数字だった場合 の処理を指定します。処理は{}内に入力します❶。

まずは画面上への表示を指示するechoコマンドを 入力します❷。

```
021 ＿＿＿＿}＿.＿'<br>';
022 ＿＿＿＿if＿(is_numeric($_POST['budget']))＿{
023 ＿＿＿＿＿＿＿＿echo
024 ＿＿＿＿}
025 ＿＿＿＿?>
026 </body>
027 </html>
```

1 条件判定の処理の 入力用に{}を入力

2 echoと入力

3 数字用フォーマットでの表示を指定する

echoで表示する内容を指定します。数字をカンマ区切りで表示させるためnumber_formatと入力して数字の表示フォーマットを指定しましょう❶。引数には$_POST['budget']を指定します❷。これで完了なので、;を入力しておきます。いつもどおりechoで\
タグを入力したら❸、ファイルを上書き保存しましょう。

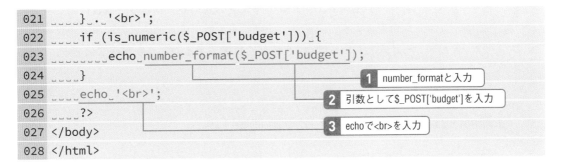

```
021    ____}_._'<br>';
022    ____if_(is_numeric($_POST['budget']))_{
023    _____echo_number_format($_POST['budget']);
024    ____}
025    ____echo_'<br>';
026    ____?>
027    </body>
028    </html>
```

1 number_formatと入力

2 引数として$_POST['budget']を入力

3 echoで\
を入力

4 数字の入力内容を正しく表示できるようになった

```
カレーライス
洋食
普通
1,000
```

それでは、フォームから数字を入力して送信してみましょう。4桁以上の数字なら、カンマ区切りで結果が表示されるはずです。また、数字以外を入力すると、エラーメッセージは出ずに何も表示されなくなります。

> この第2章は次のレッスンで最後です！ テキストエリアの内容を適切に表示するようにしますが、ここまで学んできたことがベースになっているので難しいことはありません。もう少しがんばりましょう。

Lesson
25
[改行の反映]
改行を正しく処理して
テキストエリアの内容を表示しましょう

**このレッスンの
ポイント**

最後の入力項目であるテキストエリアに入力された内容を表示しましょう。テキストエリアはテキストの入力欄と異なり、複数行の文字を入力できます。つまり、テキストエリアの入力内容の表示は、ユーザーが入力した「改行」を正しく反映できるかどうかが肝なのです。

→ 基本的にはテキストの入力欄と同じ

テキストエリアもテキストを表示するという点では、レッスン17で解説したテキストの入力欄と変わりません。下のコードで表示できます。大切なのは、悪意を持ったユーザーにJavaScriptなどのプログラムを実行されないように、HTMLタグなどの効果を

無効化することです。この方法はレッスン20で解説しましたね。ここでも同様にhtmlspecialchars関数を利用します。表示する変数が異なるだけで、ここまではテキストの入力欄とまったく同じですよ。

▶ テキストを表示するコード

安全に表示できる文字列に変換

シングルクォーテーションを
単なる文字に変換

```php
echo htmlspecialchars($_POST['howto'], ENT_QUOTES);
```

作り方の入力内容が入った変数

文字列を入力する入力フォームでは、セキュリティー対策がとても重要です。忘れずに設定しましょう。

そのままでは改行が反映されない

前ページのコードをreceive.phpに記述して、作り方の項目に入力して送信すると、下の画面のような結果になります。一見うまく表示されているように見えますが、結果画面に入力時の改行が反映されていません。そこで、入力時に改行されたものは確認画面でも改行されるようにしましょう。

▶ 改行が反映されない

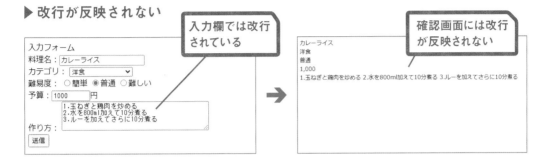

 ## nl2br関数で改行を反映する

HTMLでは改行を\
タグで記述していましたね。一方、フォームで入力された改行は「改行コード」といわれるものが付与されて受け渡されます。改行コードは通常画面上には表示されませんが、プログラム内では「\n」や「\r」という改行を示すコードが使用されます。「\」　はバックスラッシュと呼び、Windowsでは¥キー、Macではoption＋¥キーで入力できます。日本語フォントを使用していたり、テキストエディタによっては、バックスラッシュが円マーク「¥」で表示される場合がありますが、問題ありません。この改行コードをHTMLの\
タグに置き換えてくれる便利な命令がPHPにはあります。それが「nl2br関数」です。nl2brは「new line to br」の略で、利用するとPHPからHTMLを出力した際に、文字列中の改行コードを\
タグに変換してくれます。なお、改行コードは、LinuxやMac OS X以降が「\n (LF)」、Windowsが「\r\n (CR+LF)」です。

▶ nl2brによる改行タグの反映

```
1 行目 \n2 行目 \n3 行目
```

変数内の改行コードを改行
（\
）タグに変換

nl2br (変数)

```
1 行目 <br>
2 行目 <br>
3 行目
```

● 改行を反映してテキストエリアの入力内容を表示する

1 テキストの表示を命令する `receive.php`

「receive.php」を開いて、レッスン24で追加した予算の続きに入力していきましょう。これまで解説してきたほかの項目と同様にechoを入力して❶、

['howto']をキーに指定した$_POST['howto']を設定します❷。ここまでは問題ありませんね。

```
025 ____echo_'<br>';
026 ____echo_$_POST['howto'];
```

❶ echoと入力

❷ $_POST['howto']と入力

2 悪意のあるプログラムの実行を防ぐ

続いて、悪意のあるプログラムなどを実行されないようにHTMLタグなどの効果を無効化させます。htmlspecialcharsを追加しましょう❶。それとセット

で、シングルクォーテーションを変換するためのENT_QUOTESを追加します❷。

```
025 ____echo_'<br>';
026 ____echo_htmlspecialchars($_POST['howto'],_ENT_QUOTES);
```

❶ htmlspecialcharsと()を入力

❷ ENT_QUOTESを()内に入力

3 改行コードを改行タグに変換する

最後に改行コードを改行タグ（
）に変換する命令を追加しましょう。htmlspecialcharsの前にnl2br関数を入力します❶。さらに、それ以降の内容を引数として指定するため(～)（丸括弧）で囲います❷。

これで作り方のテキストエリアに入力された内容は、入力時の改行も画面上に反映されるようになります。最後にechoで
タグを入力したら❸、ファイルを上書き保存します。

```
025 ____echo_'<br>';
026 _____echo_nl2br(htmlspecialchars($_POST['howto'],_
    ENT_QUOTES));
027 ____echo_'<br>';
028 ____?>
029 </body>
030 </html>
```

❶ nl2brと()を入力

❷ echoで
を入力

4 ┃ テキストエリアの入力内容に改行が反映されるようになった

```
カレーライス
洋食
普通
1,000
1.玉ねぎと鶏肉を炒める
2.水を800ml加えて10分煮る
3.ルーを加えてさらに10分煮る
```

改行を反映してテキストエリアの入力内容を表示できましたね。Windowsの Edgeの場合は F12 キーを押して開発者ツールを表示してみてください（Macの Safariの場合は control キーを押しながら画面上をクリックし、表示されたメニューの［ページのソースを表示］をクリック）。下の画面のような確認画面のHTMLが表示されましたね。「作り方」のところを見てみると、改行を表す
というコードがありましたか？ これがnl2br関数で改行コードから変換された改行タグです。

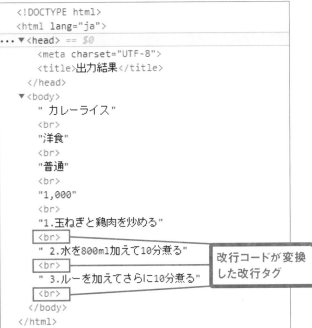

改行コードが変換した改行タグ

これでフォームに入力した内容を、すべて見やすい形でブラウザに表示できましたね。第2章はここまでです。お疲れさまでした！ 第3章からはデータベースを用いて、本格的なプログラムに仕上げていきます。がんばりましょう。

👆 ワンポイント エラーメッセージの例を紹介

レッスン24で、数字専用のフォームに数字以外を入力すると、下図のようなエラーメッセージが表示されましたね。何と書いてあるかわかりましたか？ 意味がわからないと不安になりますよね。そこでここでは簡単にエラーメッセージの読み方を解説しましょう。エラーメッセージの種類によって多少の違いはありますが、下図のような構成になっています。

▶ エラーメッセージの構成

エラーの種別　　　　　　　　　　　　　　エラーの内容

```
Fatal error: Uncaught TypeError: number_format(): Argument
#1 ($num) must be of type float, string given in C:\MAMP\
htdocs\yasashiiphp\receive.php:23
```

エラーの発生箇所

このエラーメッセージは「フェイタルエラー」（Fatal error）という種類で、「number_format関数は単精度の引数を要求しているのに文字が与えられました。それはreceive.phpの23行目です。」という内容です。またPHPのソースコードの文末の;（セミコロン）を付け忘れると、次のようなエラーメッセージが表示されます。

```
Parse error: syntax error, unexpected end of file in C:\
MAMP\htdocs\yasashiiphp\test.php on line 2
```

このエラーは「Parse error」といって、よく発生するエラーの1つです。上記のように文末のセミコロンを忘れてしまったり、関数名を間違えたりしたときに発生します。このほかにも、未定義の変数がある場合などに「通知」という意味で表示される「Notice」、問題が発生するものの処理は継続したときに「警告」という意味で表示される「Warning」などもあります。このようにエラーメッセージには、どういう種類のエラーなのか、そのエラーはどういう内容なのか、そのエラーはどこで発生したのかが書かれています。エラーに対処するには、エラーの内容を理解し、エラーの発生箇所のコードを確認して修正するしかありません。エラーの種類によっては、エラーの発生箇所の行ではないところを直さなければいけない場合もあります。エラーの内容をよく判断して、間違いのある箇所を探しましょう。修正方法にはさまざまな方法があります。それぞれのエラーに適切に対処できたら入門者は卒業ですよ。

Chapter

3

データベースを
作成しよう

第2章では料理レシピの情報を入力し、入力した情報を確認するところまでプログラムを作りました。第3章では入力した情報を保存するために必要な「データベース」を設定していきます。

Lesson 26

[データベースとは]

データベースを使って
プログラムの幅を広げましょう

**このレッスンの
ポイント**

入力フォームから料理のレシピを入力して、内容を確認画面に表示できましたね。でも、まだ肝心なことができていません。入力されたレシピのデータがどこにも保存されていませんよね。ここでは入力されたデータを保存するためのデータベースについて説明しましょう。

→ データベースって何？

まずはデータベースのイメージをつかんでください。データの保管といえば、身近なソフトウェアではExcelがありますね。うまく表を作れば、レシピの入力データも保管できそうです。でも、Excelでは複数の人が一度にアクセスしてデータを更新するこ

とはできません。これでは、プログラムには使えませんね。そこで利用したいのがデータベースです。データベースは、複数の人がアクセスしたり、更新できたりするようなシステムになっているので、プログラムとの組み合わせにもってこいなのです。

▶ **データを統合的に管理できるデータベース**

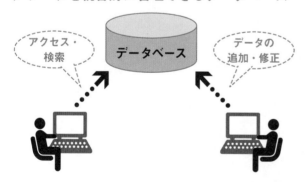

同時にデータの更新ができて、ほかのユーザーが変更した内容もすぐに確認できます。

（→）データベースでプログラムの幅が広がる

第2章で作ったプログラムでは、入力フォームと確認画面の2つのファイル間でデータが受け渡されているだけですが、これにデータベースを組み合わせれば、レシピのデータを保存できるようになります。さらに、データを保存できるということは、そのデータにアクセスできるプログラムを作れば、手持ち

の情報を公開するサービスも作れます。例えば「食べログ」のようなグルメ情報サイトでは、ユーザーからの口コミ情報がデータベースに入力されていて、また一方でお店を指定して、それらの口コミ情報にアクセスできるようになっているわけです。

▶ データベースを組み合わせたプログラムの例

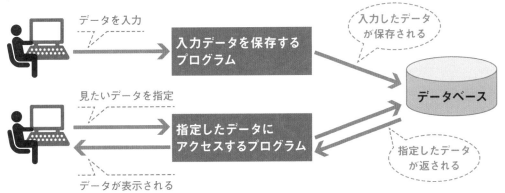

（→）データベースを管理するためのシステムが用意されている

データベースを組み合わせれば、プログラムの幅が大きく広がることはわかりましたか？ 大がかりに見えて怖くなった人もいるかもしれませんが、安心してください。データベースには、データを簡単に管理するシ

ステムが用意されています。MySQLやPostgreSQL、Oracle Databaseといったいくつかのシステムがありますが、今回は無料で公開されている「MySQL」（マイエスキューエル）というシステムを利用します。

▶ プログラムからの要求を管理するシステム

ということで、データベース管理システム「MySQL」の使い方を順番に学んでいきましょう。

129

Lesson 27

[データベースの準備]

データベースを使う準備をしましょう

このレッスンの
ポイント

次はデータベースを使えるようにしましょう。といっても準備は簡単です。MAMPには、今回データベース管理システムとして利用する「MySQL」がすでにインストールされています。そのためコントロールパネルから機能をオンにするだけで利用できます。

→ データベースの操作は管理ツールから行う

先ほど話したとおり、MySQLそのものはMAMPに含まれているため、新たにインストールする必要はありません。MAMPのコントロールパネルから、MySQLを起動するだけです。また、MAMPにはブラウザからデータベースを簡単に管理できる「phpMyAdmin」というツールが用意されています。下のような管理画面から、データベースを作成したり管理したりできます。このphpMyAdminもMAMPのコントロールパネルから簡単に起動できます。

▶ データベースの操作が簡単になる「phpMyAdmin」

この管理ツールを使ってデータベースを作成していきますよ。

○ phpMyAdminを起動する

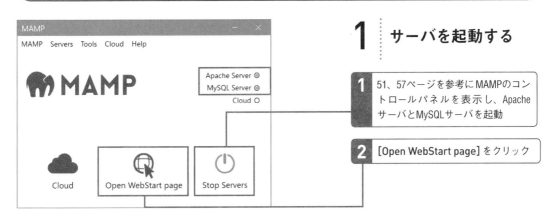

1 サーバを起動する

1 51、57ページを参考にMAMPのコントロールパネルを表示し、ApacheサーバとMySQLサーバを起動

2 [Open WebStart page] をクリック

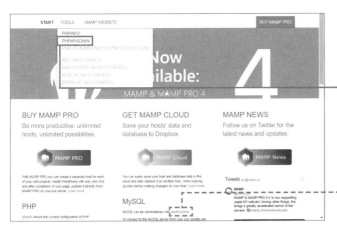

2 phpMyAdminを起動する

1 STARTページのメニューバーの[TOOLS]（Macでは[Tools]）をクリックし、表示されたメニューの[PHPMYADMIN]（Macでは[phpMyAdmin]）をクリック

> [TOOLS] をクリックした際にメニューが表示されない場合は、ここのリンクをクリックすることでも「phpMyAdmin」を起動できます。

3 phpMyAdminを起動できた

> この画面を軸にデータベースを操作していきます。

● phpMyAdminを日本語化する

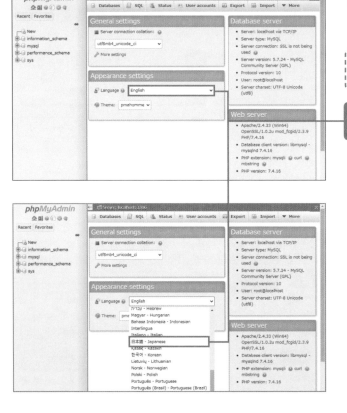

1 設定言語を選択する

デフォルトで日本語になっている場合、この設定は不要です。

1 [Language] から [**日本語 - Japanese**] を選択

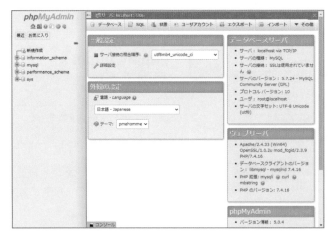

2 phpMyAdminが 日本語化された

「phpMyAdmin」の画面が日本語化されました。

P POINT

日本語化したページは必ずブックマークしておき、次回からはそのブックマークからアクセスしましょう。STARTページのリンクからアクセスすると言語設定がもとに戻ってしまいます。

ワンポイント 実際にデータベースを運用するときは？

本書ではデータベースの管理ツールとしてphpMyAdminを利用します。phpMyAdminはサーバ側にインストールしないと利用できないツールです。しかし、実際のデータベースサーバには、こうしたツールをインストールできない制約があることも少なくありません。また、セキュリティの観点からも好ましくありません。そのため、クライアント側にソフトウェアをインストールしてデータベースを操作する「MySQL Workbench」などを利用しましょう。MySQL Workbenchはデータ・モデリング、SQL開発、およびサーバー設定、ユーザー管理、バックアップなどの包括的な管理ツールです。クライアント側から接続する場合も接続経路や認証方式などに留意が必要です。インストール後、データベースの接続情報を入力すれば、phpMyAdminと同じようにデータベースを操作できます。 もし、 外部からMySQL Workbenchなどのツールを使ってアクセスできない場合は、サーバ側のコマンドラインでコマンドを入力することによりデータベースを操作できます。

▶ MySQL Workbench

公式サイト（http://www-jp.mysql.com/products/workbench/）からダウンロードしインストールする

▶ コマンドライン

Windowsではコマンドプロンプト、Macではターミナルからコマンドを入力して操作できる

Lesson 28

[データベースの作成]

すべての入れ物である データベースを作成しましょう

このレッスンの
ポイント

phpMyAdminでは、データベースのどこにどの項目の内容を保存するか、といったことを設計していきます。設計の方法や考え方はレッスン29で行いますが、まずはデータベースを作成しましょう。データベースはphpMyAdminから簡単に作成できます。

作成時に決めるのは「名前」と「照合順序」だけ

Excelで用途や内容ごとにファイルを分けて保存するように、データベースも複数の保存ブロックがあるのが一般的です。MySQLでは個々の保存ブロックを便宜上「データベース」と呼びます。MySQLでデータベースを作成するには、phpMyAdminのデータベース作成画面で、データベースの「名前」と「照合順序」を設定して[作成]ボタンをクリックするだけです。データベースの名前は、わかりやすい名前を付ければいいでしょう。実際にはサーバ上には複数のデータベースが存在することになるため、アプリ名などの名前を付けます。また、

OSなどの環境によってはアルファベットの大文字小文字を識別する場合もあるため、小文字で統一しておけば、制約があった場合にも問題がありません。今回は「db1」という名前にします。次に照合順序ですが、簡単にいえば、検索した際にアルファベットの大文字と小文字を区別するかしないか、といったことや、検索結果を表示する際に、あいうえおの後にアイウエオを表示するかしないか、といった並び順を決めるということです。今回は「utf8_general_ci」を選択します。

▶ データベースの名前と照会順序を決める

db1

照会順序は
「utf8_general_ci」
を選択

データベースを作成するときに「名前」と「決まりごと」を設定します。この大きな箱の中に、小さな箱である「テーブル」を作っていきます。

データベースを作成する

1 データベースの作成画面を表示する

1 レッスン27を参考にphpMyAdminを起動

2 [データベース]をクリック

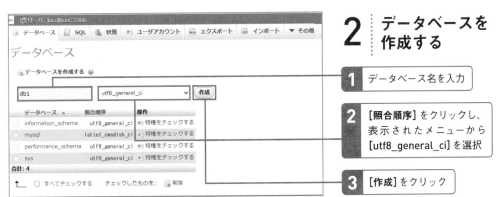

2 データベースを作成する

1 データベース名を入力

2 [照合順序]をクリックし、表示されたメニューから[utf8_general_ci]を選択

3 [作成]をクリック

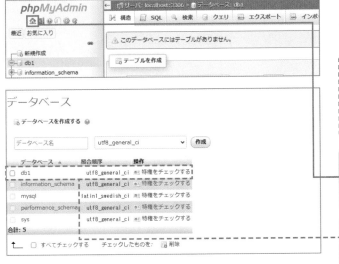

3 データベースを作成できた

データベース作成後、テーブル作成画面が表示されます。テーブルを作成する前に、作成したデータベースを確認し、次のレッスンでユーザーを作成してから、テーブルを作成します。

1 🏠 をクリックしてphpMyAdminのトップページを表示し、手順1の方法でデータベース画面を表示

「db1」という名前の、[照合順序]に[utf8_general_ci]を設定したデータベースが作成されました。

Lesson 29 [データベースの設計]
保存する内容をもとに データベースを設計しましょう

このレッスンの ポイント

データベースという大きな箱が用意できたら、その中に入る小さな箱「テーブル」を作成します。1つのデータベース内には複数のテーブルが作成できますが、まずはレシピのデータを保存するためのテーブルを作成しましょう。ここで肝心なのがテーブルの設計です。

→ テーブルの設計を考える

テーブルは小さな箱と例えましたが、この小さな箱は中に敷居を作って項目ごとにデータを保存できるようになっています。つまり表の形ですね。レシピのデータといっても、料理名や作り方、カテゴリなど、いろいろな項目に分かれています。となると、それを保存するためのテーブルも、どんな項目が必要か、その設計を考える必要がありますね。これが次のステップです。

▶ テーブルとは

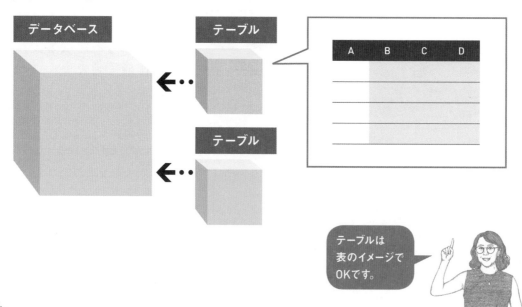

テーブルは
表のイメージで
OKです。

テーブルの構造を確認しよう

設計に入る前にテーブルの構造を確認しましょう。下の表を見てください。テーブルは「カラム」（またはフィールド）と呼ばれる「列」と、「レコード」と呼ばれる「行」から構成されています。カラムは「料理名」「作り方」「カテゴリ」など特定の項目ごとの固まりです。カラムの設定時には文字列が入るのか、数字が入るのかなど、カラムごとにルールを決める必要があります。対してレコードは、例えば「カレー」「シチュー」などレシピごとの固まりを指します。

▶ カラムとレコード

料理名	作り方	難易度	予算
カレーライス	食材を一口大に……	1	1000
チャーハン	食材を5mm角に……	3	500
サンマの塩焼き	サンマに塩をふ……	2	400
鶏のから揚げ	鶏肉を醤油と酒……	3	600

レコード（行）

カラム（列）

カラムが決まれば、それに沿って料理ごとのレコードを入力できるようになりますね。

テーブルの作成は最初の設計が肝心

テーブルの作成は最初の設計が肝心です。表の項目は追加や変更もできますが、複雑になってしまいがちなので、最初にきっちり計画を立てておきましょう。保存するデータに沿って、いくつカラムが必要か、カラムごとのルールをどうするかなどを考える必要があるのです。また、テーブル名、カラム名ともに英数字で入力します。データベース名と同様に、OSなどの環境によってはアルファベットの大文字小文字を識別する場合もあるため、小文字で統一しておけば、制約があった場合にも問題がありません。さらにデータベースを複数人で管理することも考えて、英単語などで誰が見てもわかりやすい名前にしておきましょう。もし「recipename」のようにカラム名が長くなる場合は、「recipe_name」のように_（アンダーバー）で単語で分けると見やすくなりますよ。

▶ 必要なカラムの数を考える

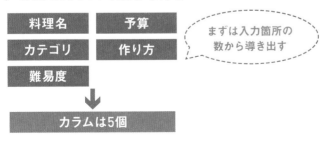

まずは入力箇所の数から導き出す

続いて、カラムごとにどんなルールを決める必要があるのかを見ていきましょう。

→ カラムごとに型を決める

カラムにはそれぞれどんな内容が入るのかを決める必要があります。例えば、料理名には文字列が、予算には数字が入りますよね。カラムの設定時には、それぞれのカラムに何が入るのか、「型」を決める必要があるのです。型は大きく3つ、「数字」と「文字列」、「日時」に分かれていて、さらに長さなどで細かく分かれています。型の指定を間違えてしまうとプログラムが動かなくなってしまうので、下の表を参考に確認しておきましょう。

▶ 代表的な型の例

型	意味
INT	数値の-2147483648〜2147483647が入る
TINYINT	数値の-128〜127が入る
MEDIUMINT	数値の-8388608〜8388607が入る
CHAR	事前に決めた長さちょうどの文字数が入る
VARCHAR	文字列が入り、長さも指定できる
TEXT	検索には向かないが長文を保存できる
DATE	日付が入る
DATETIME	データを入力した時刻を自動的に取得する。年月日時分秒

例えば、料理名のカラムは文字列が入るので、型は「VARCHAR」を指定すればOKです。

→ 入力される文字列や値の長さとデフォルト値を指定する

カラムの型に文字列や数字を入力するものを指定した場合、「長さ」を指定する必要があります。例えば、型にVARCHARを指定した場合、何文字まで入力可能なカラムにするのかを設定する必要があります。また、カラムによっては、特に値を指定しなくても、既定の値を登録したいカラムもあるかもしれません。そういうときは、カラムにデフォルト値を設定します。レコードを挿入するときに指定がない場合はデフォルト値に指定した値が自動的に登録されるようになります。

今回は「通し番号」「料理名」「予算」「作り方」の項目で、文字列や値の「長さ」を指定します。

オートインクリメントとプライマリーキー

最後に2つの設定項目を解説しておきます。1つが テーブルの作成画面で「A_I」と表記される「AUTO_ INCREMENT」(オートインクリメント)です。オート インクリメントを設定したカラムでは、自動で1から 順番に数字が割り振られます。この機能はid番号 を割り当てるときに重宝します。今回のレシピアプ リの場合、登録されたレシピにid番号を付与してお けば、後からの管理が楽になりそうですよね。もう

1つの設定項目が「プライマリーキー」(主キー)です。 同じテーブル内に重複するデータが作成されてしま う恐れがある場合に、この設定を有効にしておくこ とで重複した値を持つことを避けられます。例えば、 銀行の口座番号が他人と一緒だったら、預金が別 の人に引き出されてしまい管理がうまくできません よね。今回はidにプライマリーキーを指定します。

▶ オートインクリメントの役割

自動的に登録された
レシピにid番号が
付与される

id	recipe_name	category	difficulty	budget
1	カレーライス	3	1	1000
2	チャーハン	2	3	500
3	サンマの塩焼き	1	2	400

どんなテーブルを作成するかまとめてみよう

はじめて目にする言葉がたくさん出てきましたね。 本当は1つずつ解説したかったのですが、テーブル は最初の設計が肝心。一気に作る必要があるので、 一息に解説しました。今回作成するテーブルの内容 をまとめたのが下の表です。意味がわからない箇所

は、各項目の解説に戻って確認してみてください。 今回はカラムを全部で6個用意します。idは入力フ ォームにはありませんよね。これらはデータの管理 用に追加したものです。データの登録時に自動で 入力されるので、深く考えなくて大丈夫です。

▶ 今回のレッスンで作成するテーブルの設計

役割	カラム名(名前)	データ型	長さ	デフォルト値	A_I
通し番号	id	INT	11	―	あり
料理名	recipe_name	VARCHAR	45	―	―
カテゴリ	category	TINYINT	1	―	―
難易度	difficulty	TINYINT	1	あり	―
予算	budget	MEDIUMINT	9	―	―
作り方	howto	TEXT	320	―	―

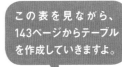

この表を見ながら、 143ページからテーブル を作成していきますよ。

30

[ユーザーとテーブルの作成]

ユーザーを作成してから
テーブルを作成しましょう

**このレッスンの
ポイント**

テーブルを作成する前に、必要最低限の権限を割り当てたユーザーを
作成しましょう。初期設定の「root」というユーザーは何でもできる
ユーザーのため、誤ってデータベースを削除することも可能です。不
慮の事故を防ぐためにも利用するユーザーを分けましょう。

→ ユーザーごとに権限を分けて管理する

あらかじめ用意されているユーザーは、「root」（ルート）と呼ばれるすべての操作が可能な特権を持ったユーザーです。このユーザーはなんでもできてしまうので、悪用されたり、誤って操作したりすると、すべてのデータが失われる可能性がありとても危険です。そこで、新たにユーザーを作成して、ユーザーごとにできることを分散させて、用途に応じてユーザーを作成して管理をしましょう。権限の割り当て

の考え方には大きく分けて、(1) データベースを指定して権限を与える、(2) 指定のデータベースのさらに特定のテーブルに対する権限を与える、(3) 指定のテーブルの中にある特定のカラムに対する権限を与える、という3つがあります。ユーザーを作成して管理する場合には「何ができるユーザーをどう利用するのか」を想定して設定しましょう。

▶ **ユーザーごとの権限の分け方**

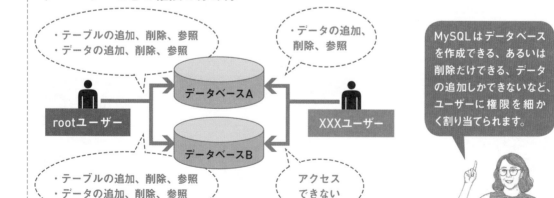

● ユーザーを追加する

1 ユーザーの管理画面を表示する

1 🏠 をクリックして phpMyAdmin のトップページを表示

2 [データベース] をクリック

3 レッスン28で作成したデータベース [db1] の [特権をチェックする] をクリック

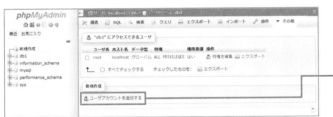

2 ユーザーを追加する

1 [ユーザアカウントを追加する] をクリック

3 ユーザー名とパスワードを入力する

1 [ユーザ名] にユーザー名(ここでは「suzuki」)を入力

2 [ホスト名] で [ローカル] を選択

3 [パスワード] にパスワードを入力し、[再入力] に確認のために再度入力

> **(P) POINT**
> ユーザー名とパスワードは自由に設定できますが、パスワードはセキュリティーの強化のため、大文字・小文字・数字を織り交ぜて長めに設定しましょう。

NEXT PAGE ➡

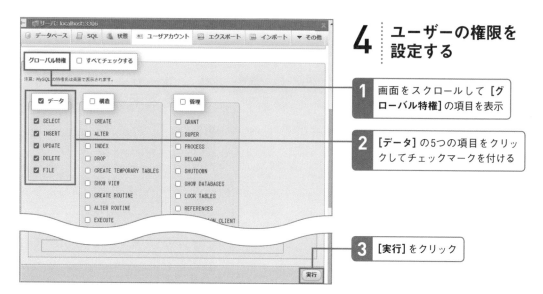

4 ユーザーの権限を設定する

1 画面をスクロールして [グローバル特権] の項目を表示

2 [データ] の5つの項目をクリックしてチェックマークを付ける

3 [実行] をクリック

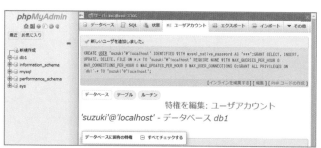

5 権限を設定したユーザーを作成できた

権限を設定したユーザーを作成できました。

👍 ワンポイント 「root」ユーザーとは？

MAMPでインストールされたmysqlには、ユーザー名が「root」でパスワードが「root」というアカウントが設定されています。この「root」ユーザーは最大限に権限を持つユーザーです。MAMPはあくまでもローカルの開発環境ですので、このような設定になっています。とはいえ、

「root」ユーザーは初期設定などのみに利用し、実際に利用するときは新たに作成したユーザーを利用するようにしましょう。もし、今後のレッスンでどうしてもエラーが解消されない場合は、一度ユーザーのIDとパスワードにそれぞれ「root」を設定して試してみてください。

前ページの手順3で設定したユーザー名とパスワードは第4章で必要になるので、書き留めておきましょう。

● テーブルを作成する

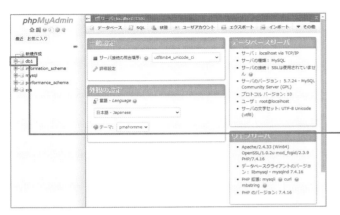

1 データベースを選択する

1 🏠 をクリックしてphpMyAdmin のトップページを表示

2 レッスン28で作成した [db1] をクリック

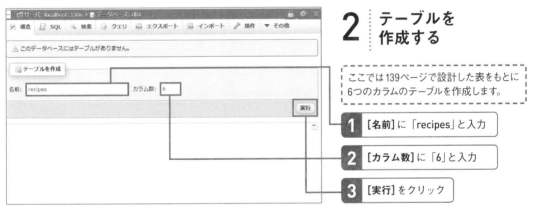

2 テーブルを作成する

ここでは139ページで設計した表をもとに 6つのカラムのテーブルを作成します。

1 [名前] に「recipes」と入力

2 [カラム数] に「6」と入力

3 [実行] をクリック

3 カラム名を入力する

1 139ページの表を参考に カラム名をそれぞれ入力

4 データの型を選択する

1 139ページの表を参考にデータの型をそれぞれ選択

5 長さを入力する

1 139ページの表を参考に長さをそれぞれ入力

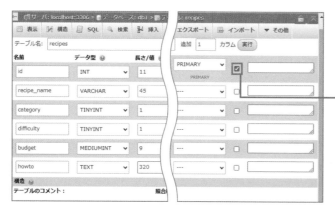

6 [id]のカラムを設定する

1 [id] のカラムの [A_I] の項目をクリックしてチェックマークを付ける

ⓟ POINT

[id] のカラムは、テーブル内を検索するのに重要な項目です。[A_I] をオンにすることで、自動で1から順番に数字が割り振られます。これによりプログラムで通し番号を追加する手間が省けます。また、自動的にプライマリーキーに設定されます。

7 [difficulty]の カラムを設定する

1 [difficulty]のカラムの[デフォルト値]のセレクトメニューから [ユーザ定義]を選択

2 表示された入力欄に「2」と入力

[difficulty]のカラムのデフォルト値が 設定されました。

8 テーブルを 保存する

1 [保存する]をクリック

9 テーブルを 作成できた

カラムのルールを指定して、テーブルが 作成できました。次のレッスンでは、こ のテーブルにデータを入力していきます。

ワンポイント テーブルのカラムを変更・削除・追加するには

143～145ページでさまざまなテーブルの情報を入力したり、設定したりしました。でも、作業を進めていくうちに、変更したり、追加したりしたい項目も出てくるでしょう。ここでは、テーブルのカラムを変更・削除・追加する方法を解説します。すべての操作はテーブルの[構造]ページから行います。

▶ テーブルの[構造]ページを表示する

1 143ページを参考に[db1]のページを表示

2 [recipes]テーブルの[構造]をクリック

3 [←]をクリック

[←]をクリックすると、メニューが非表示になり、画面を広く表示できます。

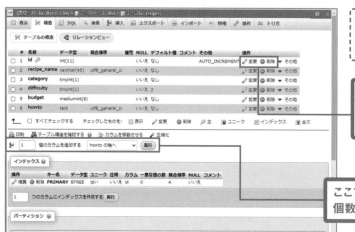

[recipes]テーブルの[構造]ページが表示されました。

ここをクリックすることで各項目の変更・削除ができる

ここで追加するカラムの個数と位置を指定する

Lesson 31 ［データの入力］
作成したテーブルに
データを入力してみましょう

このレッスンの
ポイント

作成したテーブルの確認のために、データを入力してみましょう。データベース風にいうと「レコードを追加する」です。ここではレシピごとのレコードになります。まずはphpMyAdminから直接レシピのレコードを入力してみましょう。

→ データが保存される感覚をつかむ

このレッスンで行うことは難しいことではありません。Excelのシートにデータを入力するように、データベースのテーブルに料理レシピのレコードを入力して、その入力内容を確認したり、修正方法を確認したりするだけです。実際には、ここで行うような

手入力はせず、PHPから受け渡されたデータは、自動的にテーブルに保存されます。ここではテーブルにどのようにレコードが保存されるのか、その感覚をつかんでください。

▶ phpMyAdminを使ったレコードの入力

［値］の項目に
レコードを
入力する

これがphpMyAdminのレコードの入力画面です。入力ボックスの長さや型が、レッスン30で設定したとおりに表示されていることがわかりますね。

● phpMyAdminからレコードを追加する

1 テーブルを表示する

1 🏠 をクリックして phpMyAdmin のトップページを表示

2 レッスン30で作成した [recipes] をクリック

1 [挿入] をクリック

2 レコードの挿入画面を表示する

[recipes] テーブルの [表示] 画面が表示されました。Macでは [構造] 画面が表示されます。

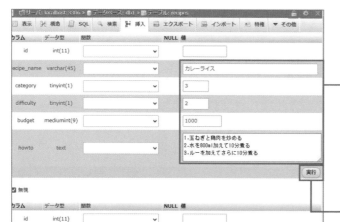

3 レコードを入力する

1 [recipe_name]から [howto] までのレコードを入力

2 [実行] をクリック

P POINT
idはオートインクリメントを設定しているため、自動で番号が割り振られます。入力する必要はありません。

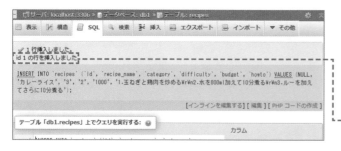

4 レコードを追加できた

入力したレコードが追加されました。自動的に [SQL] 画面が表示されます。

自動的に割り振られたidが表示されています。

追加したレコードを確認する

1 テーブルに保存されたレコードを表示する

1  をクリックして phpMyAdmin のトップページを表示

2 レッスン30で作成した [recipes] をクリック

2 追加したレコードが表示された

Mac上では、上部メニューの [表示] をクリックして [表示]画面を表示します。

148ページでテーブルに追加したレコードが表示されました。

ワンポイント レコードを編集・削除するには

レコードの編集・削除も、テーブルの [表示] 画面から行います。各レコードの [編集] あるいは [削除] をクリックすることで、レコードごとの編集が可能なほか、各レコードの先頭にあるチェックボックスをクリックしてチェックマークを付けてから、表の下にある [チェックしたものを] の [編集] あるいは [削除] をクリックすることで、チェックマークを付けたレコードのみを対象に編集することが可能です。さらに、[すべてチェックする] にチェックマークを付ければ、テーブルに保存されたレコードすべてに対して編集できます。編集内容にって使い分けましょう。

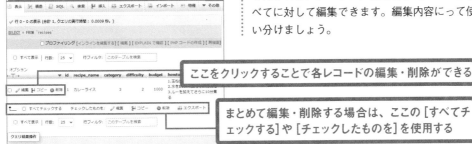

ここをクリックすることで各レコードの編集・削除ができる

まとめて編集・削除する場合は、ここの [すべてチェックする]や [チェックしたものを] を使用する

Lesson 32

[SQL文の理解]

SQL文を使って
データベースを操作しましょう

このレッスンの
ポイント

phpMyAdminを使ったデータベースの操作方法は覚えられましたか？ でも、今回の目的はデータベースを組み合わせてプログラムを作ることでしたよね。次はデータベースに命令を出すための「SQL」（エスキューエル）という書式を使った方法を覚えましょう。

➡ データベースに命令を出すSQL文

では、SQLについて詳しく学んでいきましょう。レッスン31でphpMyAdminからレコードの入力を行いましたね。あのとき最後の画面（148ページ）は以下のようになっていました。何か呪文のような文が書いてありますが、これが「SQL文」と呼ばれるも

のです。実は [挿入] 画面の入力フォームの裏側では、このSQL文によって命令が実行されてレコードが挿入されていたのです。このSQL文にも、PHPと同じく文法があります。ここでよく使う文法を確認しましょう。

▶ SQL文による命令でレコードが挿入される

```
INSERT INTO `recipes` (`id`, `recipe_name`, `category`, `difficulty`, `budget`, `howto`) VALUES (NULL,
'カレーライス', '3', '2', '1000', '1.玉ねぎと鶏肉を炒める¥r¥n2.水を800ml加えて10分煮る¥r¥n3.ルーを加え
てさらに10分煮る');
```

← サーバ: localhost:3306 » データベース: db1 » テーブル: recipes

☐ 表示 ☆ 構造 🗐 SQL 🔍 検索 ➕ 挿入 ⬆ エクスポート ⬇ インポート ▼ その他

✔ 1 行挿入しました。
id 1 の行を挿入しました

INSERT INTO `recipes` (`id`, `recipe_name`, `category`, `difficulty`, `budget`, `howto`) VALUES (NULL,
'カレーライス', '3', '2', '1000', '1.玉ねぎと鶏肉を炒める¥r¥n2.水を800ml加えて10分煮る¥r¥n3.ルーを加え
てさらに10分煮る');

[インラインを編集する] [編集] [PHP コードの作成]

テーブル「db1.recipes」上でクエリを実行する: ⓘ

```
1  INSERT INTO `recipes` (`id`, `recipe_name`, `category`,
   `difficulty`, `budget`, `howto`) VALUES (NULL, 'カレーライス',
   '3', '2', '1000', '1.玉ねぎと鶏肉を炒める¥r¥n2.水を800ml加えて10
   分煮る¥r¥n3.ルーを加えてさらに10分煮る');
```

カラム

id
recipe_name
category
difficulty
budget
howto

レコードの取り出し、挿入、更新、削除と4つのよく使うSQL文について解説していきます。

レコードを取り出す「SELECT」

まずは、データベースに保存されているレコードを取り出してみましょう。レコードの取り出しは「SELECT」という命令を使います。例えば、料理名を取り出したいときは下図の1つ目のようなSQL文になります。まず命令を書いて、対象とするカラム、対象とするテーブルと順番に指定していく流れです。「FROM」は、どのテーブルから取り出すかを指定するものです。ほかのカラムのレコードも取り出したいときは、カラムをカンマで区切って追加します。さらに「すべて」という意味の* (アスタリスク) を使って指定すれば、全カラムのレコードを取り出せます。SQL分の最後に; (セミコロン) を付けるのも忘れないでくださいね。

▶ SELECTを使った書式

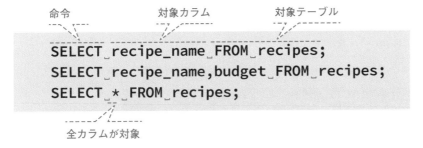

レコードを挿入する「INSERT INTO」

レコードを挿入するときは「INSERT INTO」という命令を使います。例えば、野菜炒めのレシピを追加するなら下図のようになります。まずは命令を書いてから、対象となるテーブルを指定します。続いて( ) 内にカラム名を並べて、その後に「VALUES」と書き、( ) 内に挿入するレコードの値を順番に入力していきます。対象カラムで書いた順番と、値で書いた順番が同じになるように注意してください。

▶ INSERT INTOを使った書式

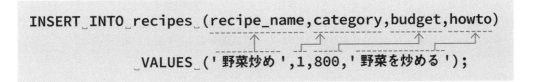

レコードを更新する「UPDATE」

入力を間違えたときや途中で変更があったときは、レコードを修正して更新する必要がありますね。レコードの更新は「UPDATE」で命令します。例えば、下の表で2行目の目玉焼きのレシピの予算と作り方を間違えてしまったとします。となると、2行目の予算と作り方をこれとこれに更新したいと命令しなければいけませんね。その命令が下のコードです。「SET」の部分に「カラム名=値」という形式で修正内容を書きます。カンマで区切るといくつでも修正

箇所を追加できます。さらに、目玉焼きの行を指定する必要もあります。ここで役立つのがレッスン30で自動的に割り当てられるように設定したid番号です。このidを「WHERE」で指定します。ここでWHEREでidを指定することは重要です。指定しない場合はすべてのレコードが更新されてしまいます。次のページで解説する「DELETE」はもっと怖いですよ。WHEREを使わないと全レコードが消えてしまいます。レコードの更新時は注意してください。

▶ UPDATEを使った書式

目玉焼きのレシピの予算と作り方を修正したい

id	recipe_name (料理名)	budget (予算)	howto (作り方)
1	野菜炒め	800	野菜を炒める
2	目玉焼き	10	卵を焼く
3	サンマの塩焼き	400	サンマを焼く

SETで更新するカラムと値を入力　　　　WHEREで更新する行を指定

```
UPDATE_recipes_SET_budget_=_90,_howto_=_'卵を焼く'_WHERE_id_=_2;
```

👍 ワンポイント 「WHERE」を使っていろいろな条件を指定できる

SQL文では、下図のように「WHERE」で「どれを更新する?」「どこを削除する?」という条件を与えられます。条件はどの項目でも指定できます。もし性別があれば「女性全員」という指定もできますし、年齢であれば「20歳以上40歳未満」のような指定もできます。本書では対象の行を更新・削除という処理を行うので、レシピのid番号の項目を指定対象にします。

```
UPDATE_recipes_SET_カラム_=_値,_カラム2_=_値2_WHERE_id_=_id番号;
DELETE_FROM_recipes_WHERE_id_=_id番号;
```

→ 「DELETE」でレコードの内容を削除

レコードを削除するときは「DELETE」を使います。今までのSQL文の仕組みが理解できていれば、削除の方法は一番簡単かもしれません。例えば、下の表で1行目の野菜炒めのレシピを削除したいときは、以下のようなコードになります。recipesのテーブルから、idが1の行を削除するというとてもシンプ

ルな命令です。条件を変更することで削除する部分を変更できますが、削除は行ごとに行われます。条件の指定を間違えると、レコードがすべて削除されてしまう可能性もあるので、十分注意して実行しましょう。

▶ DELETEを使った書式

野菜炒めの行を削除したい

id	recipe_name (料理名)	budget (予算)	howto (作り方)
1	野菜炒め	800	野菜を炒める
2	目玉焼き	90	卵を焼く
3	サンマの塩焼き	400	サンマを焼く

テーブルを指定　　　　削除する行を指定

```
DELETE FROM recipes WHERE id = 1;
```

これでSQLの基本はおしまいです。では、実際にSQL文を使ってデータベースを操作してみましょう。

👍 ワンポイント　値の指定は'（シングルクォーテーション）に注意

例えば、前ページの「UPDATE」の書式のSETの部分で、「howto =」で指定した作り方は'（シングルクォーテーション）で囲っていて、「budget =」で指定した予算は囲っていませんね。基本的に'（シングルクォーテーション）で囲んだものは文字列を表します。'100'のように数字を囲むこともできますが、'で囲むと数字であっても

文字列とみなされるようになります。ここで思い出したいのが、データベースの作成時にカラムごとに型を設定したことです。予算のようにINTなどの数値型を指定した場合、文字列が送られてきても扱えないのです。このことは、実際にプログラムにデータベースを組み込んでいくときにも重要なので覚えておいてください。

● SQL文でレコードを挿入する

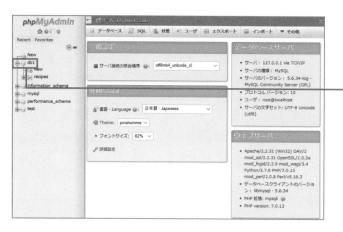

1 データベースを選択する

1 レッスン28で作成した「**db1**」をクリック

2 [SQL]画面を表示する

1 [SQL] をクリック

3 INSERT INTOの命令を入力する

1 151ページを参考に「INSERT INTO recipes」と入力

4 値を挿入する カラムを指定する

1 続けて「(recipe_name, category, budget,howto)」と入力

IDには自動で数値が、難易度にはデフォルト値で設定した「2」がそれぞれ自動で入ります。「2」以外の難易度を入れたい場合は、ほかのカラムと同様にカラム名を追加してください。

5 カラムに挿入する 値を入力する

1 半角スペースを入力し、続けて「VALUES ('サンマの塩焼き',1,400,'サンマを焼く')」と入力して、最後に「;」を入力

2 [実行] をクリック

手順4で入力したカラム名の順番と、挿入する値の順番は必ず対応させましょう。また、値が文字列なら'（シングルクォーテーション）で囲い、数字の場合は囲まないようにしましょう。

Chapter 3 データベースを作成しよう

NEXT PAGE →

6 SQL文でレコードを挿入できた

SQL文を使って、レコードを挿入できました。正しく挿入されているかどうか確認してみましょう。

1 [recipes] をクリック

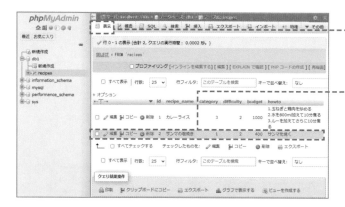

Macでは、上部メニューの [表示] をクリックして[表示]画面を表示します。

SQL文を使って挿入したレコードが、テーブルの中に表示されています。

👍 ワンポイント データベース関連で多いエラーとは

データベース関連で多いエラーは、うまくデータベースに接続できない場合の接続エラーやSQL文の入力ミスによるシンタックスエラーです。接続エラーが表示された場合は、ユーザーのパスワードや権限の割り当てが正しいどうか

を確認しましょう。シンタックスエラーは、プログラムをはじめたばかりであれば、命令文の区切りとして入れる；（セミコロン）の入力忘れが多いようです。もしこれらのエラーが表示された場合は、確認してみてくださいね。

ここまでで第3章は終了です。お疲れさまでした。第4章ではいよいよデータベースとプログラムを組み合わせていきます！

Chapter

4

データベースと組み合わせたプログラムを作ろう

第4章はこれまで学んできたことの総決算です。第2章で作成したHTMLとPHP、そして第3章で準備したデータベースを組み合わせて、料理レシピアプリを完成させます。

[データベースへの接続]

PHPからデータベースに接続できるようにしましょう

**このレッスンの
ポイント**

データベースと組み合わせたプログラムでは、データベースに正しく接続できて、はじめてデータベースに保存されているデータを表示したり、データベースにデータを送信したりできるようになるのです。ここでは、PHPからデータベースに接続する方法を解説しましょう。

→ データベースへの接続の流れを確認しよう

プログラムからデータベースに接続する流れは、必要な情報を探しに本棚に行って本の内容を確認するようなイメージです。何か情報が必要だというときには、まず本棚に行って、必要な本を探しますよね。お目当ての本を開いたら、本の中から必要な情報を探し出します。ときには、新たな情報を書き

加えることもあるでしょう。情報の確認や追加を終えたら、本を閉じてもとの場所に戻します。つまり、以下の図のようにデータベースとの接続、データベースの操作、データベースとの接続終了という流れになるわけです。

▶ データベース接続の流れ

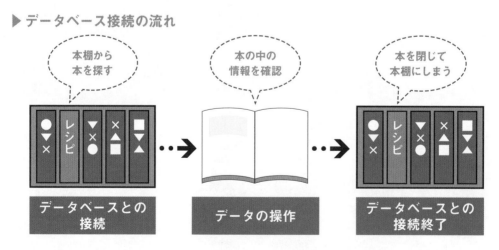

⊙ PDOを利用してデータベースに接続する

データベースに接続するためには、どこにある何というデータベースなのかを指定しなければいけません。先ほどの例えを使うと、どの本棚からどの本を取り出すのかという話になります。さらにレッスン30で権限を設定したユーザーを作成していたら、本棚には鍵がかかっている状態です。その際は、鍵を開けるためのパスワードを入力する必要があります。なお、データベースへの接続方法にはいくつか

の方法がありますが、ここでは「PDO」(PHP Data Object) という方法を利用します。PDOで接続することによって、今回利用するMySQLをPHPから簡単に扱うことができるようになります。PDOを使って接続するためには、下のソースコードのようにデータベース名や文字コード、ユーザー名、パスワードを指定します。

▶ データベースの情報

```
データベース名 :db1
ホスト名 :localhost
テーブル名 :recipes
ユーザー名 :自分で設定した値
パスワード :自分で設定した値
```

このデータベース情報を指定して下のコードで接続します。

PDOで接続　システムはMySQL　ホスト名　　データベース名　　　　　　文字コード

```
$dbh_=_new_PDO('mysql:host=localhost;dbname=db1;charset=utf8',_
●●● ,_ ●●● );
```

ユーザー名　パスワード

⊙ データの操作が終わったら接続を終了する

データの操作はレッスン32で解説したSQL文を使って行います。データの操作方法はプログラムによって異なりますが、忘れてはいけないのが、データの操作が終わった後に、データベースとの接続を終了することです。PHPの場合、プログラムの終了時

に自動的に接続は終了します。でも、省略するのはプログラミングになれてからということで、今の段階では接続を終了させたいときは、下図のようにデータベースの接続情報を記憶している変数にnullを代入して接続を終了させましょう。

▶ データベースとの接続終了の書式

```
$dbh_=_null;
```

◯ データベースに接続して終了する

1 データベースのユーザー名とパスワードを変数に保存する `list.php`

「yasashiiphp」フォルダに「list.php」を作成し、ま
ず<?phpタグを入力します❶。140ページで説明し
たように、データベースの接続にはユーザー権限

の情報が必要なので、レッスン30で作成したユー
ザーのユーザー名とパスワードをあらかじめ変数に
入れておきます❶。変数名は$user、$passとします。

```
001 <?php ─────────────────────── 1 <?phpタグを入力
002 $user_=_'●●●'; ─┐
                      2 ユーザー名とパスワードを
003 $pass_=_'●●●'; ─┘   変数として入力
```

※本書では、コード内の半角スペースを_で表しています。

2 データベースに接続する

データベースに接続するためのコードを入力します。
まず$dbh = newと入力します❶。その後、前ペー
ジで解説したPDOでの接続方法を入力します❷。
ユーザー名とパスワードの部分は先ほど変数の設

定をしたので、$user、$passと入力するだけでOK
です。また、ここではPDO実行時にException（エ
ラー）を発生するようにエラーモードを設定します❸。
Exceptionについては次のレッスンで解説します。

```
003 $pass_=_'●●●';          1 $dbh = newと入力      2 PDOの接続方法を入力
004 $dbh_=_new_PDO('mysql:host=localhost;dbname=db1;charset=utf8',_
    $user,_$pass);
005 $dbh->setAttribute(PDO::ATTR_ERRMODE,_PDO::ERRMODE_EXCEPTION);
```

3 PDO実行時のエラーモードを設定

Point PDOの使い方を知ろう

データベースの接続にはPDO（命令の集ま
り）を利用します。PDOを利用するためには
手順が必要です。データベースを利用するた
めに必要な情報（接続情報やユーザー名、
パスワード）を指定して準備します。4行目の

コードのように記述することで、指定した状
態でデータベースを利用する準備ができます。
この固まりを「$dbh」という変数に収めてい
ます。今後データベースの機能を使う場合は、
この変数「$dbh」を指定します。

3 データベースの操作を入力する

続いて、データベースの操作内容を入力します。と
はいえ、まだ何をどう操作すればいいのかわかりま
せんね。レッスン36で解説するので、ここでは下の
4行をそのまま追加してください❶。

```
005 $dbh->setAttribute(PDO::ATTR_ERRMODE,_PDO::ERRMODE_EXCEPTION);
006 $sql_=_'SELECT_*_FROM_recipes';
007 $stmt_=_$dbh->query($sql);
008 $result_=_$stmt->fetchAll(PDO::FETCH_ASSOC);
009 print_r($result);
```

1 データベースの操作に
ついて入力

4 データベースとの接続を終了する

最後にデータベースとの接続を終了するコードを追
加しておきましょう。終了のコードは $dbh = null;で
したね。これを追加すれば完了です❶。後のレッ
スンでHTMLを入力するため、最後に?>タグを入力
してPHPモードを終了します❷。入力後は、ファイ
ルの保存を忘れないようにしてください。

```
009 print_r($result);
010 $dbh_=_null;
011 ?>
```

1 $dbh = null;と入力

2 ?>と入力

5 データベースに接続できた

保存したファイルをブラウザで確認してみましょう。
URL は http://localhost/yasashiiphp/list.php です。
下のような画面が表示されていれば成功です。エラ
ーが表示された場合は次のレッスンのよく発生する
エラー例などを参考にプログラムを見直してくださ
い。

Array ([0] => Array ([id] => 1 [recipe_name] => カレーライス [category] => 3 [difficulty] => 2 [budget] => 1000 [howto]
=> 1.玉ねぎと鶏肉を炒める 2.水を800ml加えて10分煮る 3.ルーを加えてさらに10分煮る) [1] => Array ([id] => 2 [recipe_name]
=> サンマの塩焼き [category] => 1 [difficulty] => 2 [budget] => 400 [howto] => サンマを焼く))

ワンポイント 変数名はわかりやすくする

基本は省略せずに書き、省略時は一般的なもの
（本文にある $dbhや $stmtなど）を利用するのが
いいでしょう。「$dbh」は、データベースを扱う
という意味の「database handler」の略で一般によ
く使われます。「$stmt」はプログラムで文を意味
する「Statement」の略です。

データベースのエラーを
チェックできるようにしましょう

このレッスンの
ポイント

プログラムに入る前に、エラーを確認できるようにしておきましょう。データベースに接続するときに、さまざまな理由でうまく接続できない場合があります。そこでtry～catchという構文を利用して、何が原因か確認しやすくしましょう。

⊙ プログラムの間違いをすぐに探せるようにしよう

「どこで」「どんな」エラーが発生したのかを表示されるようにしておくことは、データベースを組み込んだプログラムをするうえでとても大切なことです。そもそもデータベースにアクセスできないといったエラーならすぐ気づくかもしれませんが、そうでないエラーは見過ごしてしまい、データの不整合を引き起

こしかねません。間違いを探してすぐ対処できるようにしておきましょう。下記はよく発生するエラーです。もし同様のエラーが表示されたら、英語で表示されるメッセージをヒントにプログラムを見直しましょう。

▶ よく発生するエラー例

SQLSTATE[HY000]_[2002]_No_such_file_or_directory

MySQLに接続できないというエラーです。MySQLが起動しているか、接続可能かを確認しましょう。

SQLSTATE[HY000]_[1045]_Access_denied_for_user_'suzuki'@'localhost'_(using_password:_YES)

ユーザー名かパスワードに間違いがあるというエラーです。PDOで接続する際の引数や、使用している $user、$pass を確認しましょう。また、作成したレッスン30で作成したデータベースのユーザーの権限も確認しましょう。

SQLSTATE[42S02]:_Base_table_or_view_not_found:_1146_Table_'mydb.recipes2'_doesn't_exist

SQL文に間違いがあるというエラーです。単純にテーブル名を間違えていたり、SQL文を間違えたりしている場合に表示されます。

→ try～catch構文でエラーを監視する

エラーの監視にはtry～catch構文を利用します。try～catch構文は「例外処理」とも呼ばれています。ちょっと耳慣れない言葉ですが、想定外の動作が起きた際に、そのとき行う処理を設定できる構文です。これを使えばエラーが発生していないかどうかをチェックして、もしエラーを発見したときには指定の対策ができます。文法も簡単で、以下の図のようにtryの{}（中括弧）内に監視したい動作を入れてお

きます。そしてその動作に例外、つまりエラーが発生した際、tryしている処理を強制中断して、catchの{}内に書かれた方法で処理できるようになるのです。catchと{}の間には、(例外の種類 $変数名)を入れ、対応したい例外の種類を指定します。複数種類の例外に対応したい場合は、例外の種類ごとにcatchを追加します。

▶ try～catch構文

動作が監視され、問題なければそのまま動作し、エラーが起きるとcatchに回される

```
try_{ 通常動作 }
catch_( 例外の種類 1_$ 変数名 )_{ 例外処理 1}
catch_( 例外の種類 2_$ 変数名 )_{ 例外処理 2}
```

例外の種類を指定する。変数には例外の情報が入る

動作に例外が発生した場合に、決められた処理をする

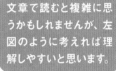

文章で読むと複雑に思うかもしれませんが、左図のように考えれば理解しやすいと思います。

→ catchする例外の種類を指定する

では、具体的に今回のデータベースとの接続で発生したエラーをtry～catch構文で処理できるようにしていきましょう。tryの{}内にはレッスン33で入力した、データベースとの接続、操作、終了のコードがそのまま入ります。肝心なのはエラーが発生した際の処理で、catch（例外の種類 $変数名）という形で指定します。キャッチする例外の種類にはいくつか指定

の方法がありますが、今回はPDOException $eと入力しましょう。なお、レッスンでは便宜上データベースからのエラーを直接表示していますが、実際には「ただいまアクセスできません。」といった一般的なエラーメッセージを表示し、裏側でログファイルにエラーの内容を書き出すといったことを行います。

次のページで実際に入力しながら指定方法などを確認していきましょう。

● try〜catch構文でエラーを表示する

1 | データベースの接続部分をtryで囲む　`list.php`

レッスン33で作成した「list.php」をエディタで開きます。まずはtryで監視する部分を入力しましょう。$userと$passの変数の後に、tryと入力します❶。

続いて、レッスン33で入力したデータベースの接続から終了までのコードを{}で囲います❷。これで、データベース関連の操作を監視できます。

1 tryと入力

```
004 try_{
005 ____$dbh_=_new_PDO('mysql:host=localhost;dbname=db1;charset=utf8',_
    $user,_$pass);
006 ____$dbh->setAttribute(PDO::ATTR_ERRMODE,_PDO::ERRMODE_EXCEPTION);
007 ____$sql_=_'SELECT_*_FROM_recipes';
008 ____$stmt_=_$dbh->query($sql);
009 ____$result_=_$stmt->fetchAll(PDO::FETCH_ASSOC);
010 ____print_r($result);
011 ____$dbh_=_null;
012 }
013 ?>
```

2 {} を入力

2 | エラーと判断する条件を入力する

try部分を入力できたら、続いてcatchの部分を入力していきます。まずはcatchと入力して❶、その後

に下のエラーと判断する条件を()内に入力します❷。

```
011 ____$dbh_=_null;
012 }_catch_(PDOException_$e)
```

1 catchと入力

2 () 内に引数を入力

> PDOExceptionという例外の種類をエラーの条件に指定すると、try内で発生したすべてのデータベース関連のエラーに対応できます。

3 エラーが発生したときの処理を入力する

続いて、エラーと判断されたときの動作を入力します。まず{を入力します❶。続けてエラーが発生していることを画面に表示するために、echo 'エラー発生: 'と入力します❷。さらに、エラーの内容を表示するために.（ピリオド）で区切って、$e-> getMessage()と入力します❸。値に記号が入っているときも正しく値を表示

できるように、レッスン20で解説したhtmlspecialcharsを指定しておきます❹。$e->getMessage()は安全に見えますが、引数などを改ざんすることによって、エラーメッセージに悪意あるコードを表示することが可能であるため、変数の安全性が担保されていません。最後に
を入力してエラーの表示は終了です❺。

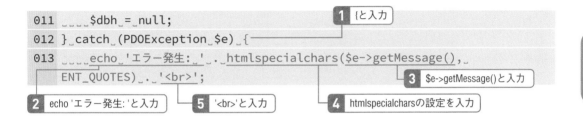

```
011 ____$dbh_=_null;                              1 {と入力
012 }_catch_(PDOException_$e)_{
013 ____echo_'エラー発生:_'_._htmlspecialchars($e->getMessage(),_
     ENT_QUOTES)_._'<br>';                        3 $e->getMessage()と入力
```

2 echo 'エラー発生: 'と入力   5 '<br>'と入力   4 htmlspecialcharsの設定を入力

Point　$e->getMessage()の役割

catch時にPDOExceptionを代入する$eを用意します。$eの中にあるメッセージを取得する命令getMessage()は、$dbhで指定したときと同様に->（アロー演算子）で指定します。$e->getMessage()とすればエラー発生時のメッセージを取得できます。エラーメッセージをそのまま表示するのは、開発中のみにしましょう。エラーの内容をユーザーに知られてしまうのは、セキュリティー上のリスクになるので注意してください。

エラーが発生したことだけ表示しても、あまり意味がありません。どんなエラーが発生したかわかるようにしておきましょう。

4 命令を中止させる

これでエラーが表示されるようになりましたが、それだけではいけません。エラーが発生したままプログラムが動作し続けると問題なので、命令を中止させるためにexit;と入力して、すべての処理を中止させましょう❶。163ページでも触れましたが、レッスンでは便宜上データベースからのエラーを直接表示していますが、実際には「ただいまアクセスできません。」といった一般的なエラーメッセージを表示し、裏側でログファイルにエラーの内容を書き出す

といったことを行います。最後にcatchの処理を}を入力して締めくくれば完了です❷。ファイルを上書き保存すればエラーが表示されます。プログラムの作成が終わったら、ユーザー名やパスワードをあえて変更してみたりしてエラーが表示されることを確認してみてください。指定して「エラー発生」以外のエラーが表示された場合は記述が失敗しているのでプログラムを見直してください。

```
013 ____echo_"エラー発生:_"_._htmlspecialchars($e->getMessage(),_
    ENT_QUOTES)_._"<br>";
014 ____exit;──────────────────────── 1  exit;と入力
015 }──────────────────────────────── 2  }と入力
016 ?>
```

5 エラーを発生させてみる

それでは、$user='●●●'や$pass='●●●'の部分を接続に失敗する別の文字列に変更してみてエラーが発生するか確認してみましょう。発生したでしょ

うか。これでエラーハンドリングは成功しました。確認後は正しいユーザー名に戻してくださいね。

エラー発生: SQLSTATE[HY000] [1045] Access denied for user 'suzuki'@'localhost' (using password: YES)

実際に運用するときは、画面に表示するのは一般的なメッセージにして、エラーの原因を表に出さないようにしましょう。

Lesson 35

[SQL文の実行]

データベースの操作の基本を理解しておきましょう

このレッスンの
ポイント

データの保存・参照といった操作は、第3章で解説したSQL文を用いてデータベースに命令を送る必要があります。そのデータベースの操作の基本が161ページの手順3で入力した3行の内容です。ここでは、その3行がどのような役割を持つのかを解説します。

→ 実行するSQL文を準備する

レッスン32で学んだSQL文を使ってデータベースを操作する際には、作法ともいえる決まった流れがあります。下図の❶SQL文の準備、❷SQL文の実行、❸SQL文の結果の取り出しの流れがそれで、161ページの手順3で入力した3行の内容にリンクしています。

まず❶の「SQL文を準備」では、テーブル「recipes」の内容をすべて抜き出すSQL文「select * from recipes」を用意して、その実行結果を次の行で使えるように変数「$sql」に代入しています。これでSQL文を実行する準備ができました。

▶ SQL文をPDOライブラリを通じて実行する作法

❶SQL文の準備

```
$sql_=_'SELECT_*_FROM_recipes';
```

❷SQL文の実行

```
$stmt_=_$dbh->query($sql);
```

❸SQL文の結果の取り出し

```
$result_=_$stmt->fetchAll(PDO::FETCH_ASSOC);
```

SQL文を実行して結果を問い合わせる

次にPDOでデータベースに接続して❶のSQL文を実行します。そしてその結果が格納された変数「$sql」の内容を問い合わせて、結果を変数「$stmt」に格納します。queryとは「質問する」「問い合わせる」といった意味です。$dbhは160ページでPDOの機能を利用するように準備しました。->query()とすることでPDOの機能の問い合わせを実行することができます。

▶ SQL文の準備

問い合わせる

```
$stmt = $dbh->query($sql);
```

データベースの接続   SQL文の内容

→ SQL文の結果を配列として取り出す

最後に❷の実行結果をカラム名を付けた配列として取り出します。配列としてすべて取り出す命令はfetchAll()という関数です。❸の書き方を見るとこの引数にPDO::FETCH_ASSOCという部分がありますね。この部分は通常は下図の3つから選んで使用します。FETCH_ASSOCはカラム名を付けた配列として返すので、カラムと値の対応関係がわかりやすくなります。FETCH_NUMは0からはじまるカラム番号を付けて返すため、結果を順番に処理する場合（ループ処理など）に便利です。FETCH_BOTHはカラム名とカラム番号の両方を取得できますが結果の配列自体が大きくなってしまいます。結果的に利用する機会は少ないでしょう。　次のレッスンではfetchAll(PDO::FETCH_ASSOC)としてデータの取得を行いましょう。

▶ SQL文の実行

PDO::FETCH_ASSOC	実行結果をカラム名を付けた配列として返します。
PDO::FETCH_NUM	実行結果を0からはじまるカラム番号を付けた配列を返します。
PDO::FETCH_BOTH （デフォルト）	実行結果をカラム名と0ではじまるカラム番号を付けた配列を返します。

ワンポイント PDOStatementのそのほかの関数

本書のサンプルでは使用しませんが、PDOStatement には便利な機能があるのでいくつか紹介しましょう。

PDOStagement::bindParamは190ページで使用しているbindValueと似ています。そこでは、bindValue を使用して?が何番目かを数えて値を代入する指示を行いますが、bindParamは変数名を指定することができます。ただし、厳密には値の確定などのタイミングに違いがあるので、注意が必要です。

PDOStatement::debugDumpParamsは、どのような値でSQLが実行されたかを見ることができるので、思ったとおりにデータが更新されない場合にデバッグ（不具合の除去作業）などで利用できます。

PDOStatement::rowCountは直近のDELETE、INSERT、UPDATE文の処理で、処理の対象行が何行あったかを確認することができます。

下の表にPDOStatementの主な関数をまとめました。この後のレッスンで使用する関数もありますが、本書で使用しない関数について使い方を詳しく知りたい人は公式のPHPマニュアルを参照してください。

▶ PHPマニュアル：PDOStatementクラス

http://php.net/manual/ja/class.
pdostatement.php

▶ PDOStatementの主な関数

関数	機能
PDOStatement::bindParam	指定された変数名にパラメータを紐付ける
PDOStatement::bindValue	値をパラメータに紐付ける
PDOStatement::columnCount	結果セット中のカラム数を返す
PDOStatement::debugDumpParams	SQLがどのような値で実行されたかを出力する
PDOStatement::errorCode	直近の操作に関連する SQLSTATE を取得する
PDOStatement::errorInfo	直近の操作に関連する拡張エラー情報を取得する
PDOStatement::execute	指定したSQLを実行する
PDOStatement::fetch	結果セットから次の行を取得する
PDOStatement::fetchAll	すべての結果行を含む配列を返す
PDOStatement::fetchColumn	結果セットの次行から単一カラムを返す
PDOStatement::rowCount	直近の SQL ステートメントによって作用した行数を返す
PDOStatement::setAttribute	文の属性を設定する
PDOStatement::setFetchMode	このSQLステートメントに対するデフォルトのフェッチモード（結果の取り出し方法）を設定する

Lesson 36 [表の作成]

登録したレシピを
一覧で表示できるようにしましょう

**このレッスンの
ポイント**

さて、データベースとの接続も準備でき、どのようにデータベースからデータを取得するのかもわかりましたね。いよいよここからが本番です。まずは、データベースに登録したレシピの一覧を表示できるようにしてみましょう。

→ データベースの内容を一覧で表示する

ここから2つのレッスンにわたって、下の画面のような一覧表を作成します。データベースに登録されたレシピを、表の形で自動的に表示するプログラムです。表の作成自体はレッスン9で解説した<table>タ

グを使うので、特に新しいことを覚える必要はありません。まずは下準備として、PHPのコマンドとHTMLを思い出しながら、1番上のタイトル行を作成するところからはじめましょう。

▶ レシピの一覧表

料理名	予算	難易度
カレーライス	1000	普通
サンマの塩焼き	400	普通

このレシピの一覧表を自動で表示するプログラムを作っていきますよ。

1 表の作成を開始する `list.php`

「list.php」をエディタで開きます。10行目のprint_rはデータベースの中身を確認するためのものなので、削除してしまいましょう。代わりに、表を作成するためのタグを入力します。表は<table>〜</table>タグで指定するんでしたね。でも、今はPHPモードなので直接タグを入力しても意味がありません。そこで、

echoで<table>タグの表示を指示します❶。さらにそれぞれの表示にPHP_EOLを追加して改行を指示しましょう❷。PHP_EOLは改行コードを意味します。改行コードは環境によって異なりますが、PHP_EOLと記述することでWindowsとMacのどちらでも正しい改行コードが出力されます。

```
009 ____$result_=_$stmt->fetchAll(PDO::FETCH_ASSOC);
010 ____echo_'<table>'_._PHP_EOL;
011 ____echo_'<tr>'_._PHP_EOL;
012 ____$dbh_=_null;
```

1 10行目の「print_r($result);」を削除し、同じ行からechoで<table>〜</table>タグを入力

2 PHP_EOLをそれぞれ入力

2 表の1行目を指定する

これで、ここから表を作成するというルールを指定できました。続いて、1行目を作成します。行は<tr>〜</tr>タグで囲んで作成するんでしたね。さっそく

<table>〜</table>タグの中に入力しましょう❶。それぞれ、改行のためのPHP_EOLを入力することも忘れないでくださいね❷。

```
010 ____echo_'<table>'_._PHP_EOL;
011 ____echo_'<tr>'_._PHP_EOL;
012 ____echo_'</tr>'_._PHP_EOL;
013 ____echo_'</table>'_._PHP_EOL;
```

1 echo で <tr> 〜 </tr> タグを入力

2 PHP_EOLをそれぞれ入力

Point 別の書き方

いったんPHPモードを終了させて直接HTMLを入力することもできます。プログラムの作りや好みにより、見やすい方を使用してください。この書き方の場合、PHP_EOLがなくても改行がそのまま有効になります。

```
010 ?>
011 <table>
012 ____<tr>
013 ____</tr>
014 </table>
015 <?php
```

3 | 表のヘッダ行を入力する

最後にヘッダ行となる1行目の中身を入力します。170ページの画面のように、ここではデータの中から「料理名」「予算」「難易度」の3つの項目を抜粋して表示します。タイトル行は\<th\>〜\</th\>タグで入力します。\<tr\>〜\</tr\>タグの間に、\<th\>〜\</th\>タグ

で3つのヘッダ行を並べて入力します❶。ここでもPHP_EOLを忘れずに入力してくださいね❷。これで、ヘッダ行の入力は完了です。ファイルを上書き保存しましょう。

```
009  ____$result_=_$stmt->fetchAll(PDO::FETCH_ASSOC);
010  ____echo_'<table>'_._PHP_EOL;
011  ____echo_'<tr>'_._PHP_EOL;
012  ____echo_'<th>料理名</th><th>予算</th><th>難易度</th>'_._PHP_EOL;
013  ____echo_'</tr>'_._PHP_EOL;
014  ____echo_'</table>'_._PHP_EOL;
015  ____$dbh_=_null;
016  }_catch(PDOException_$e)_{
017  ____echo_'エラー発生:_'_._htmlspecialchars($e->getMessage(),_
     ENT_QUOTES)_._'<br>';
018  ____exit;
019  }
020  ?>
```

1 echoで\<th\>〜\</th\>タグを入力

2 PHP_EOLを入力

4 | HTMLで表示ヘッダ行を作成できた

料理名 予算 難易度

ブラウザでhttp://localhost/yasashiiphp/list.phpを表示してみましょう。表のヘッダ行が表示されます。まだ、2列目以降を入力していないので、表の形式にはなっていません。

ワンポイント 改行コード「PHP_EOL」を入力する理由

ここでもう少し「PHP_EOL」について解説しておきます。echoの最後にPHP_EOLと入力しましたね。今までもechoの最後に
と入力していた場合がありましたが、この2つはまったく異なります。実はPHP_EOLは入力しなくてもページの見た目には何の影響もありません。
タグはHTMLで改行の働きをしますが、それに対して改行コードのPHP_EOLをHTML内に入力してもブラウザで表示した際に改行はされません。ちょっと試してみましょう。まず下記のコードを入力してbr.phpとして保存し、ブラウザで表示してみてください。

```
001 <?php
002 echo '1行目' . PHP_EOL;
003 echo '2行目' . PHP_EOL;
004 echo '3行目';
005 echo '4行目';
```

すると、下の画面のようにすべて1行で表示されます。

```
1行目 2行目 3行目4行目
```

では次に、F12キーを押して開発者ツールのデバッガーを表示させてください（Macの場合はcontrolキー＋クリックで表示されたメニューの[ソースの表示]をクリック）。下の画面のように、コードには改行が反映されています。

```
1  1行目
2  2行目
3  3行目4行目
```

では、なぜコードにしか反映されないPHP_EOLを入力するのかというと、後でデザインが正しく表示されないといったトラブルが発生した場合に、ブラウザからコードを表示してどこがおかしいかを調べることがよくあります。そのときに

<html><body><table><tr><th>テスト </th> </table></body></html>

のように、タグが1行で表示されていたら、どこに問題があるのかが見つけにくいですよね。改行コードはOSによって異なりますが、PHP_EOLはOSに依存せずPHPがOSに応じた改行コードに置き換えてくれます。そこで、PHP_EOLを入力しておくとコードが見やすくなります。

レッスン34でエラーを表示するように設定しましたが、プログラムでは問題が起きたときに、すぐに対処できるようにしておくことが大切なんです。

Lesson 37 [繰り返し処理]
繰り返し処理を駆使して
レシピを一覧表示しましょう

**このレッスンの
ポイント**

次に表のメインとなるレシピの一覧表示を行いましょう。正しく入力できたら、データベースに登録されたレシピが次々と表示されていきます。それを支えるのが「繰り返し処理」という概念です。まずは繰り返し処理を理解して、プログラムを作成してみましょう。

→ 一覧表示には繰り返し処理が必要

このレッスンで作成するのはレシピがずらりと並ぶ部分です。レシピの数は登録すればするほど増えていくので、その都度、HTMLに書き加えて表を作成するわけにはいきませんよね。これをデータベース

に登録されている分だけ、自動でレシピが表示されるようにプログラムを作っていきます。そのために必要なのが、次に解説する繰り返し処理です。

▶ 繰り返し処理が必要な箇所

料理名	予算	難易度
カレーライス	1000	普通
サンマの塩焼き	400	普通

レシピの一覧表示
をプログラムで行う

入力したものが、自動的に画面に表示されるというのは、プログラムを書かなければできないことです。

➡ 繰り返し処理とは

プログラミングでは、繰り返し処理のことをループ処理と呼びます。繰り返し処理を行うための命令はいくつかありますが、ここではforeach()という構文を利用します。foreachは下段の図のように記述、配列の内容について同じ処理を繰り返すときに使います。また、配列の内容があるだけ繰り返すため、

配列に何件あるかを意識せずに使用することができます。例えば社員名簿を作成して、それぞれの社員についてのデータを検索したり、その日問い合わせのあったデータを順に表示させたり、日々増えていく情報をプログラムの修正なしに対応できます。

▶ foreachによる繰り返し処理の仕組み

データがなくなったら自動的に休止

データが1つずつ繰り返し代入される

➡ foreachの書式を覚えよう

foreachの書式は下の図のように指定します。今回は配列の部分にレッスン34で解説した$resultを指定します。$resultには指定したテーブルのデータがずらりと並んでいる状態です。asの後の変数にループ中に利用する変数を指定します。変数名は$rowとしておきましょう。これで$resultの内容が上から順に1行ずつ、繰り返し$rowに代入されるようになります。つまり、データベースに「カレーライス」「チ

ャーハン」「サンマの塩焼き」と3つのレシピが順番に登録されていると、最初の$rowにはカレーライスのデータ、2巡目にはチャーハン、3巡目にサンマの塩焼きのデータが代入されるようになります。すべて巡回したら自動的に停止します。後は1行ずつ取り出されたデータを表として表示するように処理部分を入力するだけです。

▶ foreachの書式

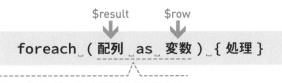

テーブルのデータが1行ずつ代入される

データベースでは行はrow、列はcolと表現をするので、ここでは1行ずつ処理をするイメージで「$row」という変数名にしています。

● 繰り返し処理で表を作成する

1 foreachの条件を指定する `list.php`

「list.php」をエディタで開きます。レッスン36に続き、表のタイトル行部分の下に入力していきます。前ページの解説を参考に、foreachと入力して、() 内に

配列と変数を入力します❶。続いて{}を入力して、処理を入力していく準備をしましょう❷。

```
010 ____echo_'<table>'_._PHP_EOL;
011 ____echo_'<tr>'_._PHP_EOL;
012 ____echo_'<th>料理名</th><th>予算</th><th>難易度</th>'_._PHP_EOL;
013 ____echo_'</tr>'_._PHP_EOL;
014 ____foreach_($result_as_$row)_{
015 ____}
016 ____echo_'</table>'_._PHP_EOL;
```

1 foreachの条件を入力
2 {}と入力

2 行を入力する

ここから繰り返し処理の処理部分を入力していきます。自動で繰り返されるので表の1行分だけ入力すればOKです。まずは行を指定するために、<tr>タグをechoで入力しましょう。PHP_EOLでコードを見やすくすることも忘れてはいけません❶。続いて列を

入力していきます。ここでは「料理名」「予算」「難易度」を抜粋して表示するので、列は全部で3つです。列を指定する<td>～</td>タグをechoで3つ分入力しましょう。

```
014 ____foreach_($result_as_$row)_{
015 _____echo_'<tr>'_._PHP_EOL;
016 _____echo_'<td></td>'_._PHP_EOL;
017 _____echo_'<td></td>'_._PHP_EOL;
018 _____echo_'<td></td>'_._PHP_EOL;
019 _____echo_'</tr>'_._PHP_EOL;
020 ____}
```

2 echo で <td>～</td>タグを3つ入力
1 echo で <tr>～</tr>タグを入力

Chapter 4

データベースと組み合わせたプログラムを作ろう

176

3 | $rowと対応するキーを入力する

では、列の中身を入力していきましょう。1列目に料理名、2列目に予算、3列目には難易度を入れます。ここで手順1で指定した変数$rowの登場です。175ページで解説したとおり、ここにはテーブルのデータが1行ずつ入っているんでしたね。$rowには料理名から作り方まですべてのデータが入っているので、3つの列のキーを指定して<td>〜</td>の間に入力しましょう❶。このとき100ページで解説した文字列を連結する. (ピリオド) で区切るのを忘れてはいけません。

```
014 ____foreach_($result_as_$row)_{
015 _____echo_'<tr>'_._PHP_EOL;
016 _____echo_'<td>'_._$row['recipe_name']_._'</td>'_._PHP_EOL;
017 _____echo_'<td>'_._$row['budget']_._'</td>'_._PHP_EOL;
018 _____echo_'<td>'_._$row['difficulty']_._'</td>'_._PHP_EOL;
019 _____echo_'</tr>'_._PHP_EOL;
```

1 $rowと対応するキーをそれぞれ入力

Point　変数とキーの復習

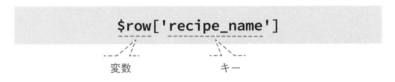

$$\$row['recipe\_name']$$

変数　　　　　　キー

$rowには、レシピ1行分すべてのデータが入っているんでしたね。レッスン19で解説したのと同じく、まだ、大きな箱の中にいろいろな値が小さな箱に入っている状態です。その中で、特定の値を取り出すためのラベルのようなものを「キー」と呼ぶんでしたね。料理名なら'recipe_name'がキーになります。

> キーはデータベースで設定したカラムと対応しています。

Chapter 4　データベースと組み合わせたプログラムを作ろう

NEXT PAGE ➜

4 セキュリティー対策をする

さて、echoで表示するのは誰かが入力フォームからデータベースに登録した値です。そのため、忘れてはいけないのがセキュリティー対策です。悪意を持ったユーザーに、悪さをするプログラムを仕込まれた値が入力されてしまうと、途端に正しく動作しなくなる可能性があります。思い出しましたか？ レッスン20で解説したhtmlspecialchars関数を設定しておくと安心ですね。16行目と17行目にhtmlspecialcharsの設定を追加しましょう❶。

```php
014    foreach ($result as $row) {
015        echo '<tr>' . PHP_EOL;
016        echo '<td>' . htmlspecialchars($row['recipe_name'], ENT_QUOTES) . '</td>' . PHP_EOL;
017        echo '<td>' . htmlspecialchars($row['budget'], ENT_QUOTES) . '</td>' . PHP_EOL;
018        echo '<td>' . $row['difficulty'] . '</td>' . PHP_EOL;
019        echo '</tr>' . PHP_EOL;
020    }
021    echo "</table>\n";
```

1 htmlspecialcharsの設定をそれぞれ入力

Point htmlspecialcharsの設定を復習しよう

```php
htmlspecialchars($row['recipe_name'],ENT_QUOTES)
```

変換する変数

HTMLでは「<」や「'」といった記号をブラウザで表示する場合「'<'」や「'''」といった文字列で入力する必要があります。なぜなら、例えばHTMLで「<」と書くとHTMLタグの開始として認識されてしまうからです。htmlspecialcharsを設定しておくことで「< 」などの記号が文字として表示される「'<'」に変換されます。ENT_QUOTESを設定するとJavaScriptなどで悪意あるコードが実行される可能性を減らせるので現段階ではhtmlspecialcharsとENT_QUOTESは必ず指定しておきましょう。

5 match式で条件判定を行う

難易度は数字をそのまま表示するのではなく、レッスン23で解説したmatch式を使って条件判定を行いましょう。値 => 返す値の組合せは、レッスン23と同じです。

```
018 ____echo_'<td>'_.
019 ____match_($row['difficulty'])_{ ───
020 _____'1'_=>_'簡単',
021 _____'2'_=>_'普通',
022 _____'3'_=>_'難しい',
023 ____}_._'</td>'_._PHP_EOL; ───
024 ____echo_'</tr>'_._PHP_EOL;
```

1 値 => 返す値の組合せを1行ずつ入力

---

6 繰り返し表示でレシピを一覧表示できた

料理名	予算	難易度
カレーライス	1000	普通
サンマの塩焼き	400	普通

繰り返し表示で表が作成できました。データベースに登録されているすべてのレシピが一覧で表示されます。次にレッスン38〜42でレシピの詳細ページを作成していきます。

👍 ワンポイント $rowの内容を見てみましょう

手順3で$rowから3つの列のデータを抽出していますが、そもそも$rowにはどのようにデータが入っているのでしょうか。このレッスンで作成したプログラムの15行目に「print_r($row);」という1行を一時的に挿入して確認してみましょう。下の画像のような結果になりましたか？ データベースから取得したデータはこのように配列に格納されます。

Array ([id] => 1 [recipe_name] => カレーライス [category] => 3 [difficulty] => 2 [budget] => 1000 [howto] => 1.玉ねぎと鶏肉を炒める 2.水を800ml加えて10分煮る 3.ルーを加えてさらに10分煮る) Array ([id] => 2 [recipe_name] => サンマの塩焼き [category] => 1 [difficulty] => 2 [budget] => 400 [howto] => サンマを焼く)

料理名	予算	難易度
カレーライス	1000	普通
サンマの塩焼き	400	普通

[詳細ページのURL]

詳細ページを作成する準備をしましょう

**このレッスンの
ポイント**

次はレシピの詳細ページを作成しましょう。PHPを使えばレシピが何個登録されても、詳細ページを表示するためのファイルは1つで済みます。となると、まず考えたいのがURLです。1つしかファイルがないのに、どうやって見たいレシピを表示するのでしょうか？

→ idでURLを指定できるようにする

レシピのテーブルを作成したときに「id」というフィールドの項目を用意したことを思い出してください。これによって、それぞれのレシピには必ずレシピを識別する固有のid番号が振られています。詳細ページ作成のカギはこのid番号を利用することです。ということで、今回作成する詳細ページは下図のよう

なURLに設定します。detail.phpというのが詳細ページ用のファイル名です。そしてその後ろに「?id=レシピID」と入力することで、ページを作成・表示できるようにしましょう。レシピIDは143ページで追加した、自動的に採番されるidです。

▶ 詳細ページのURL

id番号を指定することで、それぞれの
詳細ページを表示できるようにする

```
http://localhost/yasashiiphp/detail.php?id= レシピ ID
```

URLの?以降はファイル名じゃないですよね。この部分がどんな意味を持つのでしょうか？

➡ URLの？以降の内容をPHPファイルに受け渡せる

皆さんも、Googleなどで検索して見つけたページの
URLが、ものすごく長いものを見たことがあるかも
しれません。そういったURLのほとんどに「?」が含
まれていたはずです。実は下図のように、この?の

後ろに入力した変数名と値の組み合わせを、URLで
指定したPHPに受け渡すことができるのです。つまり、
ここで受け取った値をもとに、ページの表示内容を
変更できるというわけです。

▶ URLの?以降の数値をPHPに受け渡す

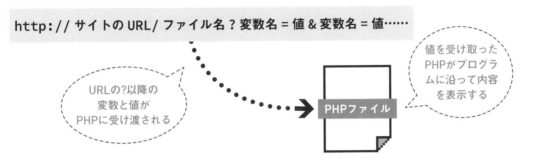

➡ URLの？以降の内容をGETで受け取る

URLに付与した変数の値をGETで取得してみましょ
う。レッスン16やレッスン17でPOSTと一緒に説明
したことを覚えていますか? POSTで受け渡された
データを$_POSTで受け取りましたね。同じように
$_GETという変数を入力することで、URLから送ら
れたデータを受け取れるのです。情報を表示するな
どの目的で通常用いられる方法が「GET」であり、

更新処理（データの挿入、変更、削除など）を行う
際に用いるのが「POST」です。試しに下の①のコー
ドを入力したファイルを作成して、「test.php」という
ファイル名を付けて、いつもの「yasashiiphp」フォ
ルダに保存してみてください。それを②のURLでブ
ラウザからアクセスすると、1という数字を受け取っ
ていることがわかるはずです。

▶ GETによる受け渡しの仕組み

①$_GETを表示するプログラムを用意

```
<?php
print_r($_GET);
```

②idを含めたURLにアクセス

```
http://localhost/yasashiiphp/test.php?id=1
```

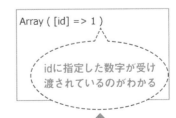

Lesson 39 [型の変換]
データベースの操作用に 値の型を変換しましょう

このレッスンの ポイント

idの数値をURLを通じて受け渡すことで、詳細ページに必要な値をデータベースから受け取ることができました。でも、受け渡されたidの値は、そのままではデータベースの操作に使えません。データベースに登録されている値に、**厳密な型**が決まっているからです。

→ データベースに型を合わせる

レッスン29とレッスン30でテーブルを設計・作成したときに、料理名は「文字列」、予算には「数字」など、それぞれ型を決めましたね。idは数字なので「INT」という数字の型を設定しました。しかし、URL経由で受け渡される値は、それが数字であっても文字列の型で送られてきてしまいます。文字列の

形式で送られてきた数字を、idとしてそのままデータベースに送っても、データベースの型と食い違ってしまいます。型を合わせて送りましょう。idのカラムは数値型なので、GETで受け取ったidの値を文字列から数値型に変換する必要があるのです。

▶ 値の型の違い

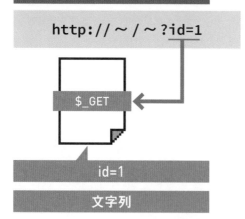

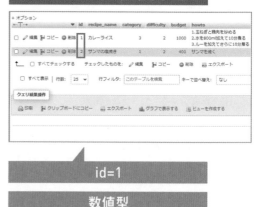

値の型までわかるvar_dump

型が違うといわれても、見た目の表示は同じです。型の違いはどう見分ければいいのでしょうか？ 今まで変数の中身を見るコマンドとしてprint_rを使ってきましたが、var_dumpというコマンドを使うことで、より詳しい情報を見られるようになります。レッスン38で作成したtest.phpのprint_rをvar_dumpに書き換えて、同じURLで入力してみましょう。すると、下図のような表示に変化します。「string」というのは型が文字列であるという表示です。()内の1はデータサイズです。そして"1"の部分が値です。このように、var_dumpで変数の中身を確認すれば、簡単に型を確認できます。

▶ var_dumpで型を調べる

print_rの代わりにvar_dumpを使用

```php
<?php var_dump($_GET);
```

文字列の型で　　1バイトの1という値

```
array(1){["id"]}=>string(1)"1"}
```

var_dumpは変数の確認にとても便利です。

文字列から数値型に変換する

型の調べ方がわかったところで、最後に型を変換する書式を覚えておきましょう。数値型に変換したidは $idという変数名で格納することにします。数値型への変換は、代入する変数の前に(int)と付けるだけなので、下図のような書式になります。これで $idの中には数値型に変換されたidの値が入るので、これを利用してデータベースを操作すればいいのです。

▶ 数値型への変換書式

数値型に変換　　GETで受け取った値のidの部分

```php
$id = (int)$_GET['id']
```

GETで受け取った値のidの部分を数値型に変換します。

Lesson 40

[idの取得]

URLから受け取ったidを
プログラムでチェックしましょう

このレッスンの
ポイント

ここまででレシピの詳細ページを作成するための前置きはおしまいです。後は学んだことを組み合わせてプログラムを作成するだけです。まずはidを受け取る部分のプログラム、そして型を変換するプログラムを実際に作成していきましょう。

→ 詳細ページのプログラムの骨組み

それではレシピの詳細ページで必要なプログラムの骨組みを見てみましょう。ベースは一覧ページと同じです。データベースに接続して、操作し、最後に終了するという流れです。ただし、今回はデータベースを操作する前に、その前置きとしてURLからGETでidの値を受け取る必要があります。また、うまくidを受け取れなかったときに、エラーが表示されるようにしてみましょう。

▶ 詳細ページのプログラムの流れ

❶ データベースの ID、パスワードの準備

❷ URL からの id の取得

❸ エラーの処理

❹ データベースとの接続

❺ データベースの操作

❻ 値の表示

❼ データベースの終了

ずらりと並んでビックリするかもしれませんが、❷と❺、❻以外は一覧ページと入力内容は変わりません。

➡ idを正しく受け取れているか、チェック機能を作る

まず、idを受け取るプログラムを作りましょう。idを受け取るのはレッスン38で解説したように、$_GETでURLからidを受け取って、それを数値型に変換するだけです。でも、ちゃんとしたプログラムとして組み込むには、エラーのチェック機能も入れておきたいですね。ここでURLからidを正しく受け取れて

いるかどうかをチェックする機能を、レッスン21で解説したif文を使った条件判定で作っておきましょう。もし、idを正しく受け取れていないときはエラーを表示するようにして、そうでなければ変数を数値型に変換するプロセスに進むのです。

▶ idの受け取りチェック機能

➡ empty命令を使ってエラーを表示する

idを受け取ったか否かを判定をするための条件として、ここではempty()命令を使用します。empty(変数)と記述すると、その変数が「空」であるかどうかを確認します。「空」とは変数が存在しない場合やfalse、空文字、文字列の'0'、数字の0の場合です。

その際、trueを返します。id=0の場合も未指定と同じ扱いになりますが、IDが0のレコードはないのでempty()の判定でよいでしょう。idが「空」の場合、echoでメッセージを出力した後、exit;で処理を終了させます。

▶ emptyを使った条件判定の書式

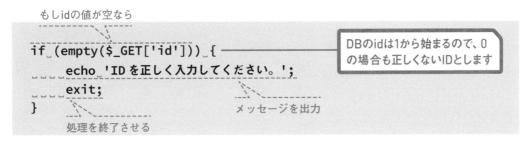

● idを受け取れているかチェックする

1 序盤の内容を入力する　　detail.php

詳細ページは「detail.php」というファイルを作成して、入力していきましょう。まずは、お決まりの<?php を入力します❶。このレッスンではデータベースの接続までは進みませんが、次のレッスンで必要にな

るので$user、$passでデータベースのユーザー名とパスワードを入力しておきます❷。続いて処理部分を入力していきますが、今回もtry～catch構文を利用するので、まずtry {と入力しておきます❸。

```
001 <?php
002 $user_=_'●●●';
003 $pass_=_'●●●';
004 try_{
```

❶ <?phpと入力

❷ ユーザー名とパスワードを変数として入力

❸ try {と入力

2 条件判定部分を入力する

続いて、idを正しく受け取れなかったときの処理を入力します。185ページを参考に、まずは条件部分にif (empty($_GET['id']))と入力します❶。これで

GETで受け取ったidの値が空であるときに、{}の部分の処理を行います。idが空だった場合、エラーメッセージを表示して、exit;でプログラムを終了します。

❶ ifを使って条件部分を入力

```
004 if_(empty($_GET['id']))_{
005 ____echo_'IDを正しく入力してください。';
006 ____exit;
007 }
008 try_{
```

❷ 条件がtureのときの処理を入力

3 | idを受け取れたときの処理を入力する

続いて、idを受け取れたときの処理を入力します。ここは、レッスン39で解説した受け取ったidを変数に変換する処理の入力が必要ですね。$idという変数に、$_GETで受け取った変数の中にあるidの値を、(int)という数値型に変換して格納するように入力します❶。今回作成するプログラムはここまでなので、idを数値型に変換できているかチェックできるようにvar_dumpを使って$idの中身を確認できるようにしておきます❷。これで、try部分の処理はいったんおしまいです。}を入力して処理を終了させておきましょう❸。

```
009 ____$id_=_(int)$_GET['id'];
010 ____var_dump($id);
011 }
```

1 idを数値型に変換して$idに格納するように入力

2 var_dumpで$idの中身を確認するように入力

3 }と入力

4 | PDOの例外が発生したときの処理を入力する

最後に、PDO例外が発生したときの処理をcatch部分に入力しておきます。エラー部分の内容はレッスン34と同じです。tryの}の後に、そのまま入力します❶。

```
011 }_catch_(PDOException_$e)_{
012 ____echo_'エラー発生:_'_._htmlspecialchars($e->getMessage(),_
    ENT_QUOTES)_._'<br>';
013 ____exit;
014 }
```

1 catch部分の処理を入力

5 | idをチェックしてから受け取れるようにできた

ブラウザで http://localhost/yasashiiphp/detail.php?id=1にアクセスしてみましょう。「id=1」はレシピIDのことです。すでに削除してしまってid=1のデータが存在しない場合はphpMyAdminを確認して存在するレシピIDを指定してください。idの値がINT型で送られてきていることを確認します。また、?以降を削除したURLでアクセスすると、エラー機能が働き、下の図のようにエラーが表示されます。

```
int(1)
```

```
IDを正しく入力してください。
```

👍 ワンポイント プログラミングの心得❶　意味を考えながら作りましょう

皆さんが入力しているHTMLやPHPは英数文字ばかりですが、それぞれに意味があります。決して難解な暗号ではありません。英語をベースとした記述が多いため、書かれている内容の意味を考えながら入力してください。はじめは全然わからなかったものが、英単語の意味を理解しながら読み進めていくことで、だんだんとプログラムの意味がわかってくるはずです。

意味がわからない単語は、辞書で調べてみてください。「そういうことか」と思うことが多いはずです。

41

[プレースホルダ]

プレースホルダを設定して
変化する数字を受け取りましょう

このレッスンの
ポイント

idを受け取るプログラムができたので、今度は受け取ったidを利用して
データベースからデータを取り出せるようにしましょう。レッスン32で解
説したSQL文で、データを取り出せるようにします。ただし、今回はid
の値によって取り出すデータが異なります。

変更がある値をプレースホルダに設定する

今回はidで行を指定して、特定のレシピの情報を取り出す必要があります。レッスン32で解説したように、データの取り出しにはSQLのSELECTを使い、さらにWHEREで条件としてid=1などと指定します。ただし、今回はこのidの数字がレシピごとに変化します。つまり、id=●の部分は変更できるようにする必要があります。そのために「プレースホルダ」という仕組みを用います。これはデータが入る場所

を一時的に確保しておく仕組みで、テストの穴埋め問題のようなものです。プレースホルダは検索条件を変えながら繰り返し同様の問い合わせを実行したいといった場面で有効であり、何度も同じSQL文を書くことなく、1つのSQL文を何度も使い回すことができる便利な仕組みです。ひとまず、プレースホルダの部分はid=?と入力して、空欄にしておきましょう。

▶ プレースホルダの設定

idが12のデータを取り出す

```
$sql_=_'SELECT_*_FROM_recipes_WHERE_id_=_12'
```

?に入る値によってデータが変化

```
$sql_=_'SELECT_*_FROM_recipes_WHERE_id_=_?'
```

穴埋め問題を作って、後から回
答を埋め込むようなイメージです。

➔ ?に入る数字を設定する

プレースホルダの?が穴埋め問題だとすると、?に入る答えの導き方も設定しなければいけません。?の部分にはレッスン40で作成した$idの変数が入ります。では、答えの書き方を見ていきましょう。答えは下図のようにbindValueで指定します。まずは何番目の?なのかを指定する必要があります。複雑なプログラムになると、複数のプレースホルダを設定する場合があるからです。今回は1つ目なので1と入力します。当てはめる変数は$idですね。最後の値の型というのは、レッスン30で解説した数値型なのか、文字列なのかといった指定です。ちょっと複雑なので別に解説しますね。

▶ ?に入る値の指定方法

bindValue(何番目の ? か , 当てはめる変数 , 値の型)

$sql_=_'SELECT_*_FROM_recipes_WHERE_id_=_?'

> 指定した値が
> ?に代入される

➔ PDOを経由した値の指定方法

上でお話した「値の型」ですが、それほど難しくはありません。レッスン30でテーブルを作成しました。その際にデータの型を選択しましたね（144ページの手順4）。そこを思い出してください。idの項目はINT型を選択したので、PDO::PARAM_INTと指定します。そのため、?に入る値の指定方法は $stmt->bindValue(1, $id, PDO::PARAM_INT);となります。

テーブルで定義した項目はINT型、TINYINT型、MEDIUMINT型、VARCHAER型があって、それぞれの指定方法を覚えるのは面倒だなと思うかもしれませんが、下表のように、ここでは文字型か数値型かを考えてください。文字型であればPARAM_STRを、数値型であればPARAM_INTを指定します。

▶ ?に入る値の指定方法

値	設定値
INT	PARAM_INT
TINYINT	PARAM_INT
MEDIUMINT	PARAM_INT
VARCHAR	PARAM_STR
TEXT	PARAM_STR

データベースから特定の行のデータを取り出す

1 データベースの接続と終了を入力する　　　detail.php

レッスン40で作成した「detail.php」をエディタで開きます。$idの変数を指定した後に続けて、データベースの接続と終了を入力します。レッスン40で入力したvar_dumpの書式は確認用なので削除してください。データベースの接続も終了も、レッスン33の手順と変更ありません。同じように入力しましょう❶。

> **1** 10行目の「var_dump($id);」を削除し、同じ行からデータベースの接続と終了を入力

```
008 try_{
009 ____$id_=_(int)_$_GET['id'];
010 ____$dbh_=_new_PDO('mysql:host=localhost;dbname=db1;charset=utf8',_
    $user,_$pass);
011 ____$dbh->setAttribute(PDO::ATTR_ERRMODE,_PDO::ERRMODE_EXCEPTION);
012 ____$dbh_=_null;
013 }_catch_(PDOException_$e)_{
```

2 データベースの操作を入力する

続いて、データベースの接続と終了の間に操作の部分を加えていきます。まずは特定のレシピデータを取り出すために、SQLの設定をしましょう。ここではプレースホルダを使うんでしたね。$sqlの変数として、'SELECT * FROM recipes WHERE id = ?'と入力します❶。さらに $stmt = $dbh->prepare(利用するSQL)と指定して、$stmtにこのSQLを利用する準備をします❷。$dbhは160ページでPDOの機能を利用するように準備していました。ここではPDOの機能であるprepareを利用します。prepareは英語で「準備する」という意味なので覚えやすいですね。

```
011 ____$dbh->setAttribute(PDO::ATTR_ERRMODE,_PDO::ERRMODE_EXCEPTION);
012 ____$sql_=_'SELECT_*_FROM_recipes_WHERE_id_=_?';
013 ____$stmt_=_$dbh->prepare($sql);
014 ____$dbh_=_null;
```

> **1** プレースホルダを設定してSQL文を入力
>
> **2** 設定したSQLをPDOで利用するように入力

NEXT PAGE →

3 プレースホルダの値を指定する

続いて、プレースホルダの値を指定します。先ほど準備した$stmtに対して値を設定するので$stmt->と入力します❶。次に190ページを参考にbindValueを用いてプレースホルダに入力する値を指定します

❷。SQL文中の?は現在1つなので1番目として1を入力します。idは数値型の項目なのでPDO::PARAM_INTでしたね。これでSQLの準備がされた$stmtに値がセットされます。

```
012    ____$sql_=_'SELECT_*_FROM_recipes_WHERE_id_=_?';
013    ____$stmt_=_$dbh->prepare($sql);            1  $stmt->と入力
014    ____$stmt->bindValue(1,_$id,_PDO::PARAM_INT);
015    ____$dbh_=_null;                            2  bindValue で プレース
                                                      ホルダの値を入力
```

4 セットしたSQLを実行して値を受け取る

これで値も指定してSQLのセットが完了しました。ただし、この時点では準備が完了しただけでSQL

は実行されていません。そこでSQLを実行するために$stmtに対してexecuteをセットします❶。

```
012    ____$sql_=_'SELECT_*_FROM_recipes_WHERE_id_=_?';
013    ____$stmt_=_$dbh->prepare($sql);
014    ____$stmt->bindValue(1,_$id,_PDO::PARAM_INT);
015    ____$stmt->execute();                 1  stmt->execute();と入力
016    ____$dbh_=_null;
```

Point   executeとは

executeは英語で「実行する」といった意味があります。まさにSQLを実行するのにわかりやすい命令ですね。事前にbindValueで?の部分に入れる値の準備をしているので、ここ

では引数を指定する必要はありません。料理で材料を最初に切りそろえておいて、炒めるときは一気に投入するようなものですね。

5 データベースの値を配列で格納する

これでSQLが実行されて、$stmtにデータベースからデータを取り出せます。結果を格納する変数には、レッスン35で説明した$resultを利用しましょう❶。さらにSQLを実行してデータベースから取り出したデータは、そのままでは使えないんでしたね。PHP がデータを扱えるように、カラム名付きで配列された値が得られるようにプログラムを変更しましょう。ここではfetchAll()ではなく、1レコードのみ取り出すfetch()を使います❷。これでresultには結果の値が配列された状態で格納されているはずです。

```
014 ____$stmt->bindValue(1,_$id,_PDO::PARAM_INT);
015 ____$stmt->execute();
016 ____$result_=_$stmt->fetch(PDO::FETCH_ASSOC);
017 ____$dbh_=_null;
```

1 結果を格納するための $resultを入力

2 $stmtの結果を配列で保存するように指定

6 データを正しく取り出せているかを表示する

これでデータベースの操作部分は完了です。idを通じて特定のレシピのデータを取得できているか、$resultの値をprint_rを使って表示してみましょう。 print_r($result);と入力します❶。これで、準備はOKです。ファイルを上書き保存しましょう。

```
014 ____$stmt->bindValue(1,_$id,_PDO::PARAM_INT);
015 ____$stmt->execute();
016 ____$result_=_$stmt->fetch(PDO::FETCH_ASSOC);
017 ____print_r($result);
018 ____$dbh_=_null;
```

1 print_r($result);と入力

7 idを指定してデータを取得できた

ブラウザで http://localhost/yasashiiphp/detail.php?id=1 (データベースに存在するID)にアクセスしてみましょう。最初に登録したレシピのデータが表 示されます。無事、データベースから特定のデータを取り出せるようになりました。

[詳細ページの表示]

受け取ったデータを利用して
詳細ページを表示しましょう

**このレッスンの
ポイント**

いろいろなプログラムを組み合わせて、データベースから特定のレシピの値を受け取れるようになりました。後は、この値をきれいに表示すれば詳細ページとして完成します。 ちょっとした復習の気持ちで、詳細ページを完成させましょう。

➔ 3つのポイントで詳細ページは完成

レッスン41の結果画面で、フィールド名と値がデータベースから取得できています。後は「料理名:カレーライス」といったように項目ごとに受け取った値を表示していくだけです。表示はechoを使うんでしたね。$resultに格納されたデータは、$result['recipe_

name']とキーを指定することで表示できることも、もう勉強済みです。最後にセキュリティー強化のために、htmlspecialcharsを追加して、見た目を整えれば詳細ページは完成です。

▶ 詳細ページの表示

料理名:カレーライス
カテゴリ:洋食
予算:1000
難易度:普通
作り方:
1.玉ねぎと鶏肉を炒める
2.水を800ml加えて10分煮る
3.ルーを加えてさらに10分煮る

echoで表示

キーを指定して
値を表示

htmlspecialchars
の追加

3つのポイントを押
さえれば、表示する
のは簡単ですよ。

● 詳細ページの表示を設定する

1 echoで表示内容を指定する   `detail.php`

「detail.php」をエディタで開いてください。データ確認用のprint_rを削除して、代わりに表示のコマンドを入力していきます。echoで「項目名:」、$result['キー']、改行のための
タグの順に入力します。

タグの後ろには、ソースの表示を行った際に見やすいように\nも入力してください。文字列は.(ピリオド)でつなげるんでしたね。料理名から作り方まですべての項目を同じように入力します❶。

```
016  ____$result_=_$stmt->fetch(PDO::FETCH_ASSOC);
017  ____echo_'料理名:'_._$result['recipe_name']_._'<br>'_._PHP_EOL;
018  ____echo_'カテゴリ:'_._$result['category']_._'<br>'_._PHP_EOL;
019  ____echo_'予算:'_._$result['budget']_._'<br>'_._PHP_EOL;
020  ____echo_'難易度:'_._$result['difficulty']_._'<br>'_._PHP_EOL;
021  ____echo_'作り方:'_._$result['howto']_._'<br>'_._PHP_EOL;
022  ____$dbh_=_null;
```

❶ 18行目の「print_r($result);」を削除し、同じ行からechoで項目名、対応する変数、改行の順に入力

2 表示内容を整える

続いて、悪意のある入力を防ぐhtmlspecialcharsとENT_QUOTEを、18、20、22行目の変数に追加します。指定方法はレッスン20と同じです❶。

```
017  ____echo_'料理名:'_._htmlspecialchars($result['recipe_name'],_
     ENT_QUOTES)_._'<br>'_._PHP_EOL;
018  ____echo_'カテゴリ:'_._$result['category']_._'<br>'_._PHP_EOL;
019  ____echo_'予算:'_._htmlspecialchars($result['budget'],_
     ENT_QUOTES)_._'<br>'_._PHP_EOL;
020  ____echo_echo_'難易度:'_._$result['difficulty']_._'<br>'_._PHP_EOL;
021  ____echo_'作り方:'_._htmlspecialchars($result['howto'],_
     ENT_QUOTES)_._'<br>'_._PHP_EOL;
022  ____$dbh_=_null;
```

❶ htmlspecialchars、ENT_QUOTESを入力

NEXT PAGE ➜

3 match式を使った条件判定を追加する

カテゴリ❶と難易度❷は、match式を使って条件判定を行いましょう。データベースから取得した数値を入力フォームに表示される項目と一致させます。指定方法は、レッスン23と同じです。

017	`␣␣␣␣echo␣'料理名:'␣.␣htmlspecialchars($result['recipe_name'],␣ENT_QUOTES)␣.␣' '␣.␣PHP_EOL;`
018	`␣␣␣␣echo␣'カテゴリ:'␣.`
019	`␣␣␣␣match␣($result['category'])␣{`
020	`␣␣␣␣␣␣␣␣'1'␣=>␣'和食',`
021	`␣␣␣␣␣␣␣␣'2'␣=>␣'中華',`
022	`␣␣␣␣␣␣␣␣'3'␣=>␣'洋食',`
023	`␣␣␣␣}␣.␣' '␣.␣PHP_EOL;`
024	`␣␣␣␣echo␣'予算:'␣.␣htmlspecialchars($result['budget'],␣ENT_QUOTES)␣.␣' '␣.␣PHP_EOL;`
025	`␣␣␣␣echo␣'難易度:'␣.`
026	`␣␣␣␣match␣($result['difficulty'])␣{`
027	`␣␣␣␣␣␣␣␣'1'␣=>␣'簡単',`
028	`␣␣␣␣␣␣␣␣'2'␣=>␣'普通',`
029	`␣␣␣␣␣␣␣␣'3'␣=>␣'難しい',`
030	`␣␣␣␣}␣.␣' '␣.␣PHP_EOL;`
031	`␣␣␣␣echo␣'作り方: '␣.␣nl2br(htmlspecialchars($result['howto'],␣ENT_QUOTES))␣.␣' '␣.␣PHP_EOL;`
032	`␣␣␣␣$dbh␣=␣null;`

1 カテゴリの条件判定

2 難易度の条件判定

シングルクォーテーションを付け忘れないように、気を付けましょう。

4 nl2brを追加して改行を反映する

最後に、作り方の項目の入力時の改行を反映させて、わかりやすく表示しましょう。指定方法はレッスン25と同じです。htmlspecialcharsの前にnl2brを追加

するんでしたね❶。さらに「作り方：」の後に\<br\>タグを入力して見栄えを整えたら❷、ファイルを上書き保存しましょう。

```
025 ____echo_'難易度:'_.
026 ____match_($result['difficulty'])_{
027 _____'1'_=>_'簡単',
028 _____'2'_=>_'普通',
029 _____'3'_=>_'難しい',
030 ____}_._'<br>'_._PHP_EOL;
031 ____echo_'作り方:<br>'_._nl2br(htmlspecialchars($result['howto'],_
     ENT_QUOTES))_._'<br>'_._PHP_EOL;
032 ____$dbh_=_null;
```

1 nl2brと入力し、以降の部分を()で囲む

2 \<br\>と入力

5 詳細ページを作成できた

料理名:カレーライス
カテゴリ:洋食
予算:1000
難易度:普通
作り方:
1.玉ねぎと鶏肉を炒める
2.水を800ml加えて10分煮る
3.ルーを加えてさらに10分煮る

ブラウザでhttp://localhost/yasashiiphp/detail.php?id=1にアクセスしてみましょう。詳細ページが表示されて、項目ごとにわかりやすく表示されましたね。

Lesson 43

[型の変換の準備]

入力内容を保存するために
型を変換しましょう

**このレッスンの
ポイント**

入力フォームから送信された内容が、データベースに自動保存されるプログラムを作っていきます。データベースに何か値を送るときに大切なことがありましたね。データの型です。データベースに値を保存するために、まずは型の変換の準備をしましょう。

→ データベースへ送信するためのPHPファイルを作ろう

第2章ではreceive.phpというファイルを作成して、入力されたデータを確認できるようにしましたね。今回は、新たにadd.phpというファイルを作成して、

そこに入力内容をデータベースに保存するためのプログラムを書いていきましょう。

▶ 入力フォームからデータベースまでの流れ

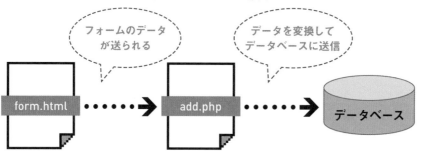

add.phpというファイルで、
データベースに保存する仕組
みを作っていきます。

とても重要な型の変換

データベースから送られてくるデータは、すべての項目が文字列として送られてきます。それに対して、レッスン30でテーブルを作成したときは、以下の表のように細かく型を決めましたね。大きくINT、TINYINT、MEDIUMINTといった数値型と、

VARCHARという文字列の型に分けられます。文字列の項目はそのままで大丈夫ですが、数値型のフィールドには、そのまま文字列の値を送れません。レッスン39で解説した書式で、INT型に変換しましょう。

▶ データベースで設定した型の一覧

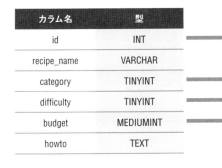

カラム名	型
id	INT
recipe_name	VARCHAR
category	TINYINT
difficulty	TINYINT
budget	MEDIUMINT
howto	TEXT

数値型のフィールドは
(int)で変換が必要

```
(int)$_POST['category']
```

文字列のまま値を送るとエラーが発生してしまいます。

ワンポイント プログラミングの心得❷　処理をイメージしましょう

本書を読み進めていくと、HTMLからPHPに値を出力したり、HTMLの中にPHPを書いたりしていますよね。そのようなときは、ブラウザではどのように表示されるのか、HTMLから送信した値はサーバにどのように受け渡されるのか、と

いったことを頭に描きながら書いてみましょう。本書では、わかりにくいところは図で解説しているので、こちらも処理をイメージするときの手助けにしてください。

関数などの単語の意味を理解して、さらにそれらがどういう動き（処理）をするのかをイメージしながらプログラムを書いていくと、自分の書きたいプログラムが書けるようになりますよ。

● フォームの送信先を変更する

1 送信先のファイル名を変更する `form.html`

レッスン16で作成した「form.html」で、送信先のファイルを指定したことを思い出してください。今回は「add.php」という新しいファイルで、データベースへの自動保存用プログラムを作成するので、新しいファイルにデータが送られるようにしなければいけ ませんね。そこで、エディタで「form.html」を開いて9行目の<form>タグ内で指定したファイル名を、「add.php」に変更します❶。変更したらファイルを保存しておきましょう。

```
007 <body>
008 ＿＿＿＿入力フォーム<br>                    1  ファイル名をadd.phpに修正
009 ＿＿＿＿<form_method="post"_action="add.php">
```

● POSTで送信された値を変換する

1 ファイルの作成をはじめる `add.php`

送信用のプログラムは新しく「add.php」ファイルを作成します。まずは、お決まりの<?phpを入力します❶。このレッスンではデータベースとの接続までは 行きませんが、次のレッスンで必要になるので、$user、$passでデータベースのユーザー名とパスワードを入力しておきます❷。

```
001 <?php                                    1  <?phpタグを入力
002 $user_=_'●●●';
003 $pass_=_'●●●';                           2  ユーザー名とパスワードを
                                                変数として入力
```

2 | 文字列の項目を変数に代入する

続いて、$_POSTで受け取った値を項目ごとに変数に格納していきます。データベースのカラムも文字列に設定していれば、そのまま送信しても大丈夫でしたね。文字列のままでいい料理名と作り方の項目は、それぞれキーを指定して、わかりやすいように同じ名前の変数を作成して代入しましょう❶。これでプログラム内では$recipe_name,$howtoとして入力された値を利用することができます。

```
001 <?php
002 $user␣=␣'●●●';
003 $pass␣=␣'●●●';
004 $recipe_name␣=␣$_POST['recipe_name'];
005 $howto␣=␣$_POST['howto'];
```

❶ 料理名と作り方の項目を変数に代入

3 | 数値型に変換して変数に代入する

文字型ではデータベースに登録できない、カテゴリと難易度、予算は数値型に変換しなければいけません。(int)を使って値を数値型に変換してから、料理名、作り方と同様にそれぞれの変数に代入します❶。これで準備は完了です。忘れずに保存しましょう。

```
004 $recipe_name␣=␣$_POST['recipe_name'];
005 $howto␣=␣$_POST['howto'];
006 $category␣=␣(int)$_POST['category'];
007 $difficulty␣=␣(int)$_POST['difficulty'];
008 $budget␣=␣(int)$_POST['budget'];
```

❶ カテゴリと難易度、予算を(int)で数値型に変換してから変数に代入

Lesson 44

[データベースへの値の挿入]

変換した値を安全に
データベースに挿入しましょう

**このレッスンの
ポイント**

いよいよデータベースにその値を挿入する部分を作っていきましょう。料理名から作り方まで、たくさんの項目を保存するので、挿入のSQLはフィールド名に注意しながら、丁寧に作成していきましょう。さらにセキュリティーにも気を遣って設定しましょう。

→ 毎回変わる入力内容を挿入できるようにする

現在のadd.phpは、入力フォームから送信されたデータが項目ごとに数字や文字列の型で変数に入っている状態です。この値をデータベースに保存して「データの追加が完了しました。」と表示されるようにします。データベースへの挿入はレッスン32で解説したINSERT INTOを利用します。INSERT INTOの書式は以下のような流れでしたね。難しいのは後半の値の部分です。値はフォームの入力内容ごとに変わります。毎回変化する値として、レッスン41でも解説したプレースホルダで指定しておく必要があります。そのため、すべて?と指定しておきます。つまり、データを取り出すときも挿入するときも、プレースホルダを利用するわけですね。

▶ INSERT INTOの書式

挿入するフィールド名をまとめる

```
INSERT_INTO_recipes_(recipe_name,_category,_difficulty,
budget,_howto)_VALUES_(?,_?,_?,_?,_?)
```

値はすべてプレースホルダを指定

値をすべてプレースホルダで指定しているのが、レッスン32での解説との違いですね。

➜ 複数のプレースホルダに入る値を指定する

プレースホルダで指定したときは、?に何が入るのかという答えを書いてあげる必要がありましたね。今回は5つのプレースホルダを指定したので、5つの答えが必要です。書式はレッスン41と同じです。bindValueで(何番目の?か,当てはめる変数,値の型)

を指定します。何番目の?かでは、指定する数字を間違えないように気を付けましょう。さらに、料理名と作り方は文字列の型でデータベースに挿入するので、PDO::PARAM_STRという文字列の型を指定するのも忘れないでください。

▶ 文字列と数字の型の指定方法

文字列の値の例

文字列の型

```
bindValue(1, _$recipe_name, PDO::PARAM_STR)
```

数字の値の例

数字の型

```
bindValue(2, _$category, PDO::PARAM_INT)
```

➜ セキュリティー対策をしながらデータ投入

文字列を結合してSQL文を作る方がわかりやすいと思う方もいるかもしれませんが、おすすめできません。SQLインジェクションと呼ばれる、ユーザー入力項目にSQL文を混ぜ込み、外部からデータベースを不正操作する攻撃を可能にしてしまうためです。プレースホルダを使うと、実行内容を意味するSQL文とユーザー入力値がデータベース上で完全に分離されるので、SQL インジェクションを防げます。値をプレースホルダとして指定し、実際の値部分の指定を別に記述することで、SQLインジェクション対策となり、

しかも記述したコードが見やすくなるというメリットもあります。この対策をしたコードをSQLのINSERT INTO文として記述します。後になってプレースホルダで利用する項目が変更になった場合、順番は数え直さないといけないですが、変数を利用することによって項目の変更にも対応しやすいプログラムが書けます。興味がある方はPHPのマニュアル (http://php.net/manual/ja/pdostatement.bindvalue.php) を参考にしてみてください。

「SQLインジェクション」については、208ページでもう少し詳しく解説しますよ。

● データベースに入力フォームの内容を保存する

1 データベースに接続する `add.php`

ここでは、レッスン43で作成した「add.php」の続きから入力します。すでに入力フォームから受け取った値はそれぞれ変数に入っている状態です。まずはデータベースとの接続部分を入力しましょう。レッスン41と同様にtry～catch構文を利用します①。そ

の中に、データベースとの接続を入力します②。レッスン33で解説したとおり、setAttributeはPDOの挙動を制御するんでしたね。ここではそのまま入力してください。

```
009 try_{                                                          1  try構文を入力
010 ____$dbh_=_new_PDO('mysql:host=localhost;dbname=db1;charset=utf8',_
    $user,_$pass);
011 ____$dbh->setAttribute(PDO::ATTR_ERRMODE,_PDO::ERRMODE_EXCEPTION);
```

2 データベースとの
   接続を入力

2 データベースにSQLをセットする

接続の次はデータベースの操作について設定するのでしたね。今回の目的は入力フォームから送信された値をデータベースに挿入することです。$sqlという変数で、INSERT INTOの指示を入力しましょう。

5つのフィールドを指定して、値は?でプレースホルダとして指定します①。SQLの指示を終えたら、そのSQLをデータベースに対して実行することを、$stmtで指定します②。

```
012 ____$sql_=_"INSERT_INTO_recipes_(recipe_name,_category,_difficulty,_
    budget,_howto)_VALUES_(?,_?,_?,_?,_?)";
013 ____$stmt_=_$dbh->prepare($sql);
```

2 $stmtでデータベースにSQLをセット   1 $sqlにINSERT INTOを指定

3 プレースホルダの値を指定する

続いて、手順2で指定したプレースホルダにどんな値が入るのかを指定して、$stmtにセットします。bindValueを利用した書式は203ページと同じですが、項目が5つあるので、手順2で入力した順番に何番目の?かを指定します。さらに、レッスン 43で作成した対応する変数をそれぞれ入力しましょう。料理名と作り方が入る文字列の項目にはPDO::PARAM_INTではなく、PDO::PARAM_STRを指定することも忘れないでください❶。

```
014 _____$stmt->bindValue(1,_$recipe_name,_PDO::PARAM_STR);
015 _____$stmt->bindValue(2,_$category,_PDO::PARAM_INT);
016 _____$stmt->bindValue(3,_$difficulty,_PDO::PARAM_INT);
017 _____$stmt->bindValue(4,_$budget,_PDO::PARAM_INT);
018 _____$stmt->bindValue(5,_$howto,_PDO::PARAM_STR);
```

1 bindValueでプレースホルダの値を指定

Point プレースホルダの?を対応させる

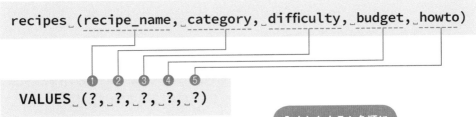

```
recipes_(recipe_name,_category,_difficulty,_budget,_howto)
```

❶ ❷ ❸ ❹ ❺

```
VALUES_(?,_?,_?,_?,_?)
```

プレースホルダの?の値は、そのファイルで前から何番目の?かで指定します。SQLでINSERT INTOの文を入力するときは、カラム名と挿入する値の順番が対応するように入力するので、何番目の?かを把握して、フィールドに挿入する変数を指定しましょう。

入力したカラム名順に値も入力されることを忘れないでください。

4 指定したSQLを実行して、データベースとの接続を終了する

最後にセットしたSQLを実行するために、executeを行います。これでデータベースへの値の挿入が実行されます。実行が終わったら $dbh = null;と入力して、データベースとの接続を終了します。

```
019 ____$stmt->execute();
020 ____$dbh_=_null;
```

1 $stmt に excute で実行をセット

2 $dbh = null;と入力

5 画面にメッセージを表示する

ここまでの内容で、すでにデータベースに入力内容の挿入は完了しています。ただし、これらはすべて見えない裏側で行われるので、ユーザーが見ている画面には何も表示されません。そこで画面に「レシ ピの登録が完了しました。」というメッセージが表示されるようにechoで設定しておきましょう❶。これでtry部分の通常の動作は完了です。}と入力して閉じておきます❷。

```
019 ____$stmt->execute();
020 ____$dbh_=_null;
021 ____echo'レシピの登録が完了しました。';
022 }
```

1 echoで「レシピの登録が完了しました。」と入力

2 }と入力

6 エラー発生時の対応を入力する

最後に、try部分でエラーが発生したときの動作を、catch部分に入力しておきます❶。ここの入力内容は、 これまでと変わりません。これで「add.php」は完成です。ファイルを上書き保存しましょう。

```
022 }_catch_(PDOException_$e)_{
023 ____echo_'エラー発生:_'_._htmlspecialchars($e->getMessage(),_
    ENT_QUOTES)_._'<br>';
024 ____exit;
025 }
```

1 catch部分の動作を入力

7 入力フォームから新しいレシピを登録する

入力フォーム
料理名： チャーハン
カテゴリ： 中華
難易度： ○簡単 ○普通 ◉難しい
予算： 500 円
　　　　1.食材を5mm角に切る
　　　　2.卵を炒めてからごはんを入れて炒める
　　　　3.1の食材を入れて炒め合わせる
作り方：
送信

ブラウザでhttp://localhost/yasashiiphp/form.htmlにアクセスし、新しいレシピ情報を入力して送信ボタンを押します。

8 入力内容が自動保存されるようになった

レシピの登録が完了しました。

入力フォームからレシピを送信すると「レシピの登録が完了しました。」と表示されます。

9 phpMyAdminを確認する

phpMyAdminからrecipesテーブルを確認すると、入力フォームから送信したレシピが登録されていることが確認できます。

👍 ワンポイント SQLインジェクションが起きるとどうなるの？

下のプログラムを「bad_sql.php」として保存し、ブラウザで http://localhost/yasashiiphp/bad_sql.php?id=xx を表示しましょう。id=xxにはdetail.phpの引数で実際にあるレシピのidを指定してください。すると左の画面のように表示されます❶。次は http://localhost/yasashiiphp/bad_sql.php?id=xx%20or%20true と入力してください（%20は半角スペースを意味します）。結果は右の画面のように複数の値が表示されましたね❷。これがランダムな数字のidの会員情報だとしても、情報流出が発生してしまいます。このよ

うに文字コード設定の組み合わせによってセキュリティーリスクとなります。

さらに http://localhost/yasashiiphp/bad_sql.php?id=xx;INSERT INTO recipes (recipe_name) VALUES ('test') と入力してみましょう。このプログラムでは値の参照だけを行うつもりだったのに、データベースに「test」という料理名が追加されます。意図していないSQL文が実行されているのです。これをSQLインジェクションといい、その対策のために、プレースホルダーの指定は忘れずに行いましょう。

❶ object(PDOStatement)#2 (1) { ["queryString"]=> string(34) "S
```
Array
(
    [0] => Array
        (
            [id] => 1
            [0] => 1
            [recipe_name] => カレーライス
            [1] => カレーライス
            [category] => 3
            [2] => 3
            [difficulty] => 2
            [3] => 2
            [budget] => 1000
            [4] => 1000
            [hosto] => 1.玉ねぎと鶏肉を炒める
2.水を800ml加えて10分煮る
3.ルーを加えてさらに10分煮る
            [5] => 1.玉ねぎと鶏肉を炒める
2.水を800ml加えて10分煮る
3.ルーを加えてさらに10分煮る
        )
)
```

❷ object(PDOStatement)#2 (1) { ["queryString"]=> string(42) "SE
```
Array
(
    [0] => Array
        (
            [id] => 1
            [0] => 1
            [recipe_name] => カレーライス
            [1] => カレーライス
            [category] => 3
            [2] => 3
            [difficulty] => 2
            [3] => 2
            [budget] => 1000
            [4] => 1000
            [hosto] => 1.玉ねぎと鶏肉を炒める
2.水を800ml加えて10分煮る
3.ルーを加えてさらに10分煮る
        )

    [1] => Array
        (
            [id] => 2
            [0] => 2
            [recipe_name] => サンマの塩焼き
            [1] => サンマの塩焼き
            [category] => 1
            [2] => 1
            [difficulty] => 2
            [3] => 2
            [budget] => 400
            [4] => 400
            [hosto] => サンマを焼く
```

```php
<?php
$user = '●●●';
$pass = '●●●';
try {
    $dbh = new PDO('mysql:host=localhost;dbname=db1;charset=utf8', $user, $pass);
    $sql = 'SELECT * FROM recipes WHERE id = ' . $_GET['id'];
    $result = $dbh->query($sql);
    var_dump($result);
    echo '<pre>';
    print_r($result->fetchall());
} catch (Exception $e) {
    echo 'エラー発生: ' . htmlspecialchars($e->getMessage(), ENT_QUOTES) . '<br>';
    exit;
}
```

Lesson
45

［データベースからの削除］

データベースから
特定のレシピを削除しましょう

**このレッスンの
ポイント**

これでひととおりのページが完成しました。続いてレシピを整理できる
ように、**削除用のプログラムを作りましょう。**このプログラムも1つのペ
ージとしてPHPでファイルを作ります。特定のURLに移動すると、レシ
ピが削除されるようにしてみましょう。

→ 特定のレシピだけを削除するには

データベースからデータを削除するには、SQLの
DELETEを使うのでしたね。ここでの注意点は、必
ずデータベースの特定のレシピだけを削除するよう
に設定することです。レシピの指定を忘れてしまうと、
テーブルのすべてのデータが削除されてしまいます。

特定のレシピだけを扱うというのは詳細ページと同
じですよね。レッスン39で解説した詳細ページと同
様に、URLからidを受け取れる仕組みにすればいい
のです。

▶ URLからidをGETで受け取る

?以降の値が変数に入る

http:// ○○○○ / 対象の PHP ファイル名 ?id=3

$_GET["id"]

受け取ったidの値は「3」

URLの?以降の値は $_GET
という変数で受け取れるんで
したね。

⊕ 削除ページも基本構成は同じ

idを受け取れたら後は簡単です。特定のidの行を削除するようにSQLでデータベースを操作すればいいのです。以下の図のように、SQLの操作以外は詳細ページのプログラムとほぼ同じですね。そろそろプログラムの流れが見えてきた気がしませんか？

▶ 削除ページのプログラムの流れ

❶ データベースの ID、パスワードの準備

❷ URL からの id の取得

❸ エラーの処理

❹ データベースとの接続

❺ DELETE でデータを削除

❻ メッセージの表示

❼ データベースの終了

新たな知識が必要なのは、DELETEの操作のみですね。

⊕ DELETEの肝は「何を」削除するか

レッスン32で解説したとおり、SQLでのデータの削除はDELETEを使いますが、先ほど説明したとおり、何を削除するのかを指定しないと、テーブルすべてのデータが削除されてしまいます。今回は特定のidのデータのみを削除するので、必ずWHEREで条件を指定しましょう。WHEREの指定がない場合、すべてのレコードに対して処理が実行されてしまいます。

▶ 条件による変化

○ 条件を指定すると特定のレコードだけが削除される

```
DELETE␣FORM␣recipes␣WHERE␣id␣=␣1;
```

✘ 条件を指定しないとすべてのレコードが削除される

```
DELETE␣FORM␣recipes;
```

SELECTなどと違い、削除のコマンドは失敗すると取り返しがつかないので注意してください。

● データを削除するページを作る

1 データベースのユーザーとパスワードを変数で保存する delete.php

削除ページは新たなファイルとして、「yasashiiphp」フォルダに「delete.php」ファイルを作成しましょう。これまでどおり、エディタを起動して<?phpタグを入力しましょう❶。さらにデータベースの接続に必要なユーザー名とパスワードを変数として入力します❷。

```
001 <?php
002 $user_=_'●●●';
003 $pass_=_'●●●';
```

1 <?phpタグを入力

2 ユーザー名とパスワードを変数として入力

2 GET変数でIDを受け取る

続いて、GETでURLからidを受け取る処理を入力します。ここはレッスン40と同じですね。idが空かどうかを判定を行い、try〜catch構文のtryの部分を入力します。idが空ではないときに、GETの中からidを抜き出し、数値型に変換してから$idという変数に格納されるようにします❶。

```
004 if_(empty($_GET['id']))_{
005 ____echo_'IDを正しく入力してください。';
006 ____exit;
007 }_
008 try_{
009 ____$id_=_(int)$_GET['id'];
```

1 レッスン40を参考にidを受け取る処理を入力

3 データベースに接続する

idを受け取れたら、データベースに接続しましょう。接続方法はこれまでと同じです。今まで作成したフ

ァイルからコピーしてしまってもかまいません。204ページと同じ内容を入力しましょう❶。

```
010 ____$dbh_=_new_PDO('mysql:host=localhost;dbname=db1;charset=utf8',_
    $user,_$pass);
011 ____$dbh->setAttribute(PDO::ATTR_ERRMODE,_PDO::ERRMODE_EXCEPTION);
```

1 データベースとの接続を入力

4 DELETEのSQLを入力する

ここからが本番ですよ。DELETEを使って、受け取ったidのレシピを削除できるように設定します。受け取るidは毎回変わるので、idを指定するところはプレースホルダにしておきます。まず、$sqlという

変数にDELETE FROM recipes WHERE id = ?と入力し❶、$stmtという変数で、それをprepareというメソッドでデータベースにセットします❷。

```
012 ____$sql_=_'DELETE_FROM_recipes_WHERE_id_=_?';
013 ____$stmt_=_$dbh->prepare($sql);
```

2 $sqlを実行する準備を入力

1 プレースホルダを指定して
DELETEのSQLを入力

> プレースホルダの使い方にもなれてきましたか？ 目的によってSQLの命令が変わるだけで、基本的な書式は同じなので難しいことはありませんよね。

5 プレースホルダの値を指定して、データベースの操作を実行する

さて、プレースホルダを利用するときは、?に入る値を指定しなければいけませんね。レッスン41で解説したbindValueを使って$stmtにセットします❶。これで、データベースの操作の準備が完了したので、

最後に$stmtにexcuteをセットして実行しましょう❷。これで操作は完了です。$dbh = nullと入力してデータベースとの接続を終了しましょう。

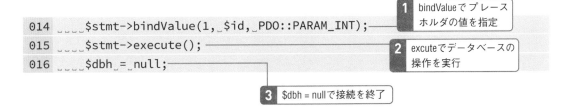

```
014 ____$stmt->bindValue(1,_$id,_PDO::PARAM_INT);
015 ____$stmt->execute();
016 ____$dbh_=_null;
```

1 bindValueでプレースホルダの値を指定

2 excuteでデータベースの操作を実行

3 $dbh = nullで接続を終了

6 画面にメッセージを表示する

ここまでのプログラムの処理は、レッスン44と同じく裏側で行われているので、画面上にレシピの削除が実行されたことがわかるメッセージを表示しましょう。ここでは特定の「ID:○○の削除が完了しました。」と入力されるようにします。画面への表示はレッスン44と同様にechoを使います。○○に表

示されるのは$idの値を使用します。変数の表示にはhtmlspecialcharsでセキュリティー対策しておくことも忘れないようにしましょう❶。echoで表示する文章は「ID:」「$idの値」「の削除が完了しました。」の3つに分かれるので.(ピリオド)でそれぞれの文字列を結合します。

```
014 ____$stmt->bindValue(1,_$id,_PDO::PARAM_INT);
015 ____$stmt->execute();
016 ____$dbh_=_null;
017 ____echo_'ID:_'_._htmlspecialchars($id,_ENT_QUOTES)_._
     'の削除が完了しました。';
```

この$idがレシピのid番号に置き換わる

1 echoでメッセージを入力

NEXT PAGE ➡ 213

7 エラー時の表示を入力する

これでtry部分の内容はすべて入力できたので}で閉じます。最後にcatch部分でエラーを入力しておきましょう❶。内容はこれまでと同じです。ここもコピー＆ペーストでかまいません。これでプログラムの入力は完了です。

1 catch部分の処理を入力

```
018 }_catch_(PDOException_$e)_{
019 ____echo_'エラー発生：_'_._htmlspecialchars($e->getMessage(),_
    ENT_QUOTES)_._'<br>';
020 ____exit;
021 }
```

8 データを削除できた

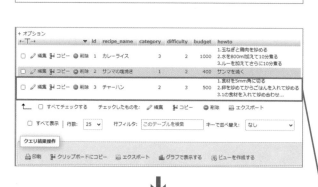

ID: 3の削除が完了しました。

試しにデータを削除してみましょう。ブラウザでhttp://localhost/yasashiiphp/delete.php?id=xxというURLにアクセスします。xxには削除するレシピのid番号を入力します。左のような画面が表示されたら成功です。phpMyAdminで［表示］画面でテーブル［recipes］を表示すると、レシピが削除されているのが確認できます。エラーが表示されたらすでに削除しているidを指定しているかもしれません。phpMyAdminで確認してみましょう。

URLでid番号を指定したレシピが削除された

Chapter 4 データベースと組み合わせたプログラムを作ろう

Lesson 46

[データベースの編集]

データベースの 内容を編集できるようにしましょう

このレッスンの
ポイント

最後の山場として、一度登録したレシピを編集できるようにしましょう。入力フォームの画面に、それぞれの項目の入力内容が再度表示されるイメージです。大変そうに見えますが、ほとんどは今まで作ったプログラムの組み合わせでできます。

大きく2つのプログラムが必要になる

まずは、レシピの編集画面ではテーブル内の特定のレシピを編集することになるので、①URLからidを受け取る必要があります。さらに受け取ったidを利用して入力フォーム内にデータを表示しなければ

いけません。もう1つは②変更された内容をデータベースに保存します。これはレッスン32のINSERT INTOと似た処理です。ページを移動するので、①と②のプログラムはファイルを分けましょう。

▶ 編集機能に必要なプログラム

①URLからidを受け取り、入力フォームにデータを表示

②変更内容をデータベースに保存してメッセージを表示

整理すると、今まで学んだ知識でできそうなことがわかりますね。

215

⊙ <?php echo 値; ?>の短縮形を使う

可読性とメンテナンス性を上げるために、<php? echo 値; ?>のような文字列や変数などの値の出力は、短い形式の<?= 値 ?>に書き換えられます。意味は同じですがPHPとHTMLが混在している場合、何度も<?php echo 値; ?>と記述するより、短く記述できてプログラムがスッキリします。

▶ 同じ意味のプログラム

```
<?php echo 値 ; ?>
<?= 値 ?>
```

短縮系のタグを使って、プログラムを読みやすくしましょう。

⊙ 入力フォームにデータを表示する

指定したidでデータベースから特定のレコードのデータを表示するところまでの処理は、詳細ページとほとんど同じです。異なるのは「取得したデータをどうやって入力フォーム上に表示するか」ですね。入力フォーム自体は第2章と同じくHTMLで作成します。入力フォーム用の<input>タグ内にはvalueで表示する値を指定できるので、それを使って下図のようにデータベースから取得した値を表示します。これはHTMLの中でPHPモードに入ってまた出るという形式ですね。下図の「<?=」から「?>」の部分は料理名に置き換わります。

▶ 入力フォーム内のデータの表示方法

```
料理名：<input type="text" name="recipe_name" value=
"<?= htmlspecialchars($result['recipe_name'],
ENT_QUOTES) ?>">
```

→ idを使って更新するレコードを特定する

入力フォームの項目にはなくて、データベースには登録されている項目が1つありますよね。それはidです。URLから受け取ったidの値は、変更内容を更新するためのファイルに受け渡さなければいけません。詳細ページを表示するときに指定したURLを思い出して見ましょう。「detail.php?id=1」という形式でしたね。「update.php?id=1」という形式になるように、formのactionに指定しましょう。書式は次のとおり

です。遷移した先のPHPファイルで、URLに付与した値は$_GETで取得できます。form内部の変数は、methodに記述してある$_POSTで取得します。このようにURLにidが入っているとアクセスログを確認する際に、どのidのレコードに対する操作を行おうとしているのか、URLに付与した値を見ることでわかります。

▶ idに置き換える方法

```
<form_method="post"_action="update.php?id=
<?=_htmlspecialchars($result['id'],_ENT_QUOTES)_?>">
```

idの数字に置き換わる

```
<form_method="post"_action="update.php?id= 数字 ">
```

👍 ワンポイント php.iniのショートタグ設定

第1章のレッスン12でエラー表示の設定を変更したphp.iniファイルには、PHPタグを短くできる設定項目もあります。「short_open_tag=on」となっている場合、<?php echo $test ?> を <? echo $test ?>と記述できますが、設定によって動作するかどうかが変わるプログラムは好ましくない

ということで、short_open_tagによる <? ?> 記法は廃止される見込みです。<?= ?>は今後も利用できるので、こちらを利用してください。短縮タグについては、マニュアルも参考にしてください。

▶ PHP公式マニュアル　PHP タグ
https://www.php.net/manual/ja/language.basic-syntax.phptags.php

● 編集機能のプログラムを作成する

1 idを受け取ってデータベースに接続する　`edit.php`

編集機能のプログラムも新しいファイルで作成します。ほかのファイルと同じく「yasashiiphp」フォルダに、ファイル名を「edit.php」を作成しましょう。

エディタを起動して、idを受け取ってデータベースに接続するまでを入力します❶。

```php
001 <?php
002 $user_=_'●●●';
003 $pass_=_'●●●';
004 if_(empty($_GET['id']))_{
005 ____echo_'IDを正しく入力してください。';
006 ____exit;
007 }_
008 $id_=_(int)$_GET['id'];
009 try_{
010 ____$dbh_=_new_PDO('mysql:host=localhost;dbname=db1;charset=utf8',_
    $user,_$pass);
011 ____$dbh->setAttribute(PDO::ATTR_ERRMODE,_PDO::ERRMODE_EXCEPTION);
```

> **1** データベースとの
> 接続までを入力

👍 ワンポイント プログラミングの心得❸　エラーメッセージをよく読みましょう

代表的なデータベースのエラーをレッスン34で説明しましたが、プログラムのコードを入力した後、実際に実行するとエラーが発生する場合もあるでしょう。最初のころは、エラーが発生することの方が多いかもしれません。そうしたときは落ち着いて、画面に表示されるエラーをよく読んでください。エラーメッセージは簡単な英単語と該当する箇所を示しています。エラーメッセージが表示されたら、落ち着いて内容と行を確認してください。なれてくれば「この

エラーの原因は'（シンブルクォーテーション）を入力し忘れたかな」など、原因を推測できるようになってきます。

落ち着いてエラーの対処ができるようになれば、入門者は卒業です。

2 | 受け取ったidのレコードを取得して配列する

続いて、SQLでデータベースから受け取ったidのレコードを取得して、プログラムで使用できるように168ページで解説した配列の形で保存します。ここまででデータベースの操作は終了するので、最後に $dbh = null;を入力します。ここも詳細ページと同じなので、192〜193ページの手順3〜5の内容をそのまま入力しましょう❶。

```
012 ____$sql_=_'SELECT_*_FROM_recipes_WHERE_id_=_?';
013 ____$stmt_=_$dbh->prepare($sql);
014 ____$stmt->bindValue(1,_$id,_PDO::PARAM_INT);
015 ____$stmt->execute();
016 ____$result_=_$stmt->fetch(PDO::FETCH_ASSOC);
017 ____$dbh_=_null;
```

1 データベースの操作から接続終了までを入力

3 | エラーが発生したときの処理を入力する

データベース関連の入力を終えたので、エラーが発生したときのための処理をcatch部分に入力します。 ここもこれまでと同じですね❶。この後の手順でHTMLを入力するので、?>も入力します❷。

```
018 }_catch_(PDOException_$e)_{
019 ____echo_'エラー発生:_'_._htmlspecialchars($e->getMessage(),_
    ENT_QUOTES)_._'<br>';
020 ____exit;
021 }
022 ?>
```

2 ?>と入力

1 catch部分の処理を入力

4 HTMLのヘッダ部分を入力する

ここからは、入力フォーム上に項目ごとの値を表示できるようにしていきます。もとは入力フォームなので、大枠は82ページで入力したHTMLと同じです。

まずは82ページの手順1を参考に、ヘッド部分を入力しましょう❶。

```
022 ?>
023 <!DOCTYPE_html>
024 <html_lang="ja">
025 <head>
026 ____<meta_charset="UTF-8">
027 ____<title>入力フォーム</title>
028 </head>
```

1 ヘッダ部分の内容を入力

5 データの送信方法と送信先を入力する

ボディ部分を入力していきます。<body>タグを入力し、ページの見出しとして「レシピの投稿」と入力します。続けて<form>タグで入力フォームを作成する準備をします❶。フォームの内容を送る先は217ページの説明のとおり「update.php?id=1」という形

式で指定します。idの部分は可変ですので、短縮形のタグを用いて記述します。<?= $result['id'] ?>のみでも実行できますが、htmlspecialcharsで囲いましょう❷。

1 <body>タグを入力してタイトルと<form>タグを入力

```
029 <body>
030 ____レシピの投稿<br>
031 ____<form_method="post"_action="update.php?id=
    <?=_htmlspecialchars($result['id'],_ENT_QUOTES)_?>">
```

2 actionで送り先にupdate.php?id=Xの形式を指定

6 テキストのフォームに入力した項目を表示する

では、入力フォームの項目を順番に入力していきましょう。まずはテキスト入力フォームの料理名の項目です。フォームそのもののHTMLはレッスン16とすべて同じです❶。重要なのは216ページで解説した値の表示です。一度登録したレシピを編集する

ので、もとのデータを表示しておく必要があります。値の指定はvalueで行います。valueの内容に$recipe_nameを利用します。変数はPHPの概念なので、変数の前後は<?php～?>タグで囲んでPHPモードであることを示しましょう。

1 テキストの入力フォームを入力

```
032 _____料理名：<input_type="text"_name="recipe_name"_value="<?php_
     echo_htmlspecialchars($result['recipe_name'],_ENT_QUOTES);_?>"><br>
```

2 valueの値にechoで$result['recipe_name']と入力

Point　valueの値をPHPモードで指定する

テキストの入力フォームで初期値（ここでは料理名）を設定するにはvalueを使います。テキストの入力フォームに料理名を表示するのですから、HTMLは <input type="text" name="recipe_name" value="カレーライス">

のようになりますよね？ この料理名の部分を <?= htmlspecialchars($result['recipe_name'], ENT_QUOTES); ?>に書き換えることで、データベースから取得した料理名を表示できます。

> 料理名の項目ができたら
> 次のページからほかの項目
> も作っていきます。

続いてセレクトメニューを使った料理のカテゴリの項目です。まずは91ページと同じ内容を入力します❶。ここはテキストのフォームのように値を直接表示するわけではありません。セレクトメニューが選択された状態にする必要があります。まずレシピと

してデータベースに登録されているカテゴリを表示できるようにします。それから条件判定を利用し、受け取った値のカテゴリにselectedを表示して、あらかじめ選択されるように指定します❷。

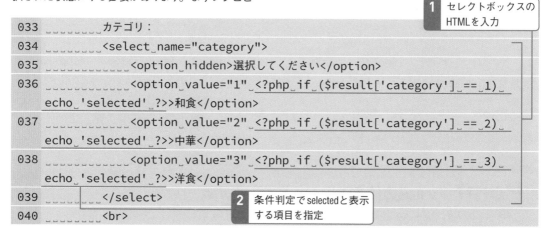

```
033 _____カテゴリ:
034 _____<select_name="category">
035 _____<option_hidden>選択してください</option>
036 _____<option_value="1"_<?php_if_($result['category']_==_1)_
    echo_'selected'_?>>和食</option>
037 _____<option_value="2"_<?php_if_($result['category']_==_2)_
    echo_'selected'_?>>中華</option>
038 _____<option_value="3"_<?php_if_($result['category']_==_3)_
    echo_'selected'_?>>洋食</option>
039 _____</select>
040 _____<br>
```

1 セレクトボックスのHTMLを入力

2 条件判定でselectedと表示する項目を指定

Point あらかじめ選択した項目を表示する

レッスン35で$resultに配列として取り出したSQL文の結果を格納しました。これを利用してif構文を使って$result['category']が1なのか2なのか3なのかを判定しましょう。if構文の書式については以下の図の内容などを学んできま

したが、今回は条件が満たされない場合に行う処理がないことと、条件を満たしたときに行う処理も単純なので「if (条件) 条件が満たされたら処理を実行」を使います。条件はif($result['category'] == "1")です。処理はHTMLにselectedを出力することなのでecho "selected"と入力します。これをHTMLの<option value="1" >に組み込んで、もし1であれば<option value="1" selected>とHTMLソースに出力します。

❶ if_(条件)_条件が満たされたら処理を実行

❷ if_(条件)_{
_ _ _ 条件が満たされたら処理1を実行
}_else_{
_ _ _ 条件が満たされなかったら処理2を実行
}

8 ラジオボタンの項目を表示する

次はラジオボタンによる難易度の選択ですね。ここ
も93ページの内容をそのまま入力します❶。94ペ
ージでは、あらかじめ「普通」が選択された状態に
なるようにcheckedで指定しましたが、今回は入力

された値によって変更する必要があります。あらか
じめ選択されている項目を指定する方法は手順7と
同様に条件判定を利用します。異なる点はselected
ではなくcheckedをechoで表示するだけです❷。

1 ラジオボタンの HTMLを入力

```
041          難易度：
042          <input_type="radio"_name="difficulty"_value="1"_
<?php_if_($result['difficulty']_==_1)_echo_'checked'_?>>簡単
043          <input_type="radio"_name="difficulty"_value="2"_
<?php_if_($result['difficulty']_==_2)_echo_'checked'_?>>普通
044          <input_type="radio"_name="difficulty"_value="3"_
<?php_if_($result['difficulty']_==_3)_echo_'checked'_?>>難しい
045          <br>
```

2 条件判定でcheckedと 表示する項目を指定

9 予算の項目を表示する

ここからは再び、受け取った値をそのまま表示する
項目ですね。まずは予算です。ここももととなる
HTMLは95ページと同じです❶。値の表示方法も

手順7と同じです。valueを使ってPHPモードのecho
で$result['budget']の内容を表示します❷。

1 数字の入力ボックスの HTMLを入力

```
046          予算：<input_type="number"_name="budget"_value="
<?=_htmlspecialchars($result['budget'],_ENT_QUOTES)_?>">円
047          <br>
```

2 valueの値にechoで $result['budget']と入力

もう少しで編集用フォーム
が完成します。がんばって
ください！

10 テキストエリアの項目を表示する

続いてテキストエリアです。ここも簡単ですね。96
ページと同じHTMLを入力して❶、PHPモードの

echoで$result['howto']の内容を表示します❷。

```
048 _____作り方：
049 _____<textarea_name="howto"_cols="40"_rows="4"_maxlength="320">
    <?=_htmlspecialchars($result['howto'],_ENT_QUOTES)_?></textarea>
050 _____<br>
```

1 テキストエリアのHTMLを入力

2 echoで$result['howto']と入力

11 送信ボタンを作成して入力フォームを終了する

これですべてのフォームに値を表示させることができ
るようになりました。最後に<input>タグのtypeに

submitを指定します❶。　後は</form></body></
html>を入力して、フォームのHTMLを完成させます❷。

```
051 _____<input_type="submit"_value="送信">
052 ____</form>
053 <body>
054 <html>
```

1 送信ボタンのHTMLを入力

2 フォームのHTMLを終了

👍 ワンポイント　echoでHTMLを書くこともできる

今までechoはブラウザの画面に値を出力すると
きに指定していました。手順11で、画面に表示
しないhiddenを指定したのに、なぜechoなのか
と思う方もいらっしゃるかもしれません。echo
はブラウザの画面に文字を出力するだけのコマ
ンドではありません。今回のプログラムでは
HTMLに文字を出力しています。言い換えると、

HTMLを書いているわけですね。もしここで
echoを指定しないとHTMLのソースコードでは
<input type="hidden" name="id" value="">となってし
まいます。echoで出力することにより<input
type="hidden" name="id" value="33">と値が出力され
るようになります。

12 編集用のフォームを作成できた

レシピの投稿

料理名：[カレーライス]
カテゴリ：[洋食 ▼]
難易度：○簡単 ●普通 ○難しい
予算：[1000]　円
　　　┌─────────────────────┐
　　　│1.玉ねぎと鶏肉を炒める　　　│
　　　│2.水を800ml加えて10分煮る　│
作り方：│3.ルーを加えてさらに10分煮る│
　　　└─────────────────────┘
[送信]

保存したファイルをブラウザで確認してみましょう。URLはhttp://localhost/yasashiiphp/edit.php?id=xx です。xxの部分にはデータベースにデータがあるidを指定してください。すると左のような画面が表示されます。それぞれのフォームに表示された値がデータベースのレコードに対応していれば成功です。

編集用フォームが完成しました！
初期値にデータベースのレコードの内容がちゃんと表示されているか確認してくださいね。

👍 ワンポイント HTMLを見やすくするには

ここまでフォームを作成してきましたが、HTMLの部分がずいぶん不格好だなと思うかもしれません。HTMLで書かれている部分は、通常のHTMLファイルと同じです。HTMLの知識があるユーザーは、スタイルを追加したりして見やすく変更してみましょう。

Lesson 47 [編集内容のUPDATE]
編集した内容を データベースに反映しましょう

このレッスンの
ポイント

レシピの編集画面も作成できたので、受け渡された編集内容をデータベースに上書きできるようにしましょう。編集内容をデータベースに上書き保存するときはUPDATEを使うんでしたね。 プログラムの内容はINSERT INTOとほとんど変わりません。

(→) 受け渡されたデータを確認してみましょう

プログラムそのものには関係ありませんが、「updatetest.php」というファイルを作成して下図のprint_rのコードを入力してみましょう。ファイルをいつもの「yasashiiphp」フォルダに保存して、レッスン46の手順5で設定したedit.phpの送り先ファイル名を一時的に「updatetest.php」に変更します。そして、 再度http://localhost/yasashiiphp/edit.

php?id=xxを表示して「送信」ボタンをクリックしてみましょう。すると、どんなデータが受け渡されているのかがわかります。var_dump()を利用すれば、データの型も見ることができます。レッスン32のINSERT INTOのときとの違いはidの値だけですね。このidを使ってどのレコードのデータを上書き保存するのかを指定します。

▶ updatetest.phpの内容

```php
<?php
echo 'POST の内容：';
print_r($_POST);
echo '<br>GET の内容：';
print_r($_GET);
```

POSTの内容：Array ([recipe_name] => カレーライス [category] => 3 [difficulty] => 2 [budget] => 1000 [howto] => 1.玉ねぎと鶏肉を炒める 2.水を800ml加えて10分煮る 3.ルーを加えてさらに10分煮る)
GETの内容：Array ([id] => 1)

[id] => 1

INSERT INTO時のデータに加えて、idも送られている

idはGETで受け取っていることに注目してください。id以外の値はPOSTで受け取りますが、種類はINSERT INTOのときと同じですね。

➔ idを受け取れなかったらエラーを表示する

編集内容の保存にはidが必須です。どのレシピの
レコードかを指定しないと、データベースはどこに
何を上書き保存するのかわかりません。そこでレッ

スン40と同じく、idを正しく受け取れているかをチェ
ックしてから、数値型に変換して$idという変数に
変換するようにしましょう。

➔ 型をそろえてデータベースに送信する

データベースにデータを受け渡すときに忘れてはい
けないのが型の変換です。POSTで受け渡される値
はすべて文字列の型で送られるので、数値型のフィ
ールドの値は数値型に変換する必要がありましたね。

レッスン43と同様に、カテゴリ、難易度、予算の
値は変数に格納する際に、(int)で数値型に変換す
る必要があります。

▶ 数値型に変換してidに格納

intで数値型に変換

```
$category_=_(int)$_POST['category'];
```

➔ UPDATEで値を保存する

値を変換できたらSQLでUPDATEと指定してデータ
を保存します。UPDATEの書式は「UPDATE テーブ
ル名 SET カラム名 = 値 WHERE id = 値」です。
INSERTと同じですね。SETする値は,(カンマ)で区

切れば複数指定できます。また、WHEREでどのid
のレコードに保存するのかを指定するのも忘れずに。
値は毎回変わるのでプレースホルダで指定します。

▶ UPDATEの書式

必要なカラム名とidの値を
プレースホルダで指定

```
sql_=_'UPDATE_recipes_set_recipe_name_=_?,_category_=_?,
difficulty_=_?,_public_=_?,_budget_=_?,_howto_=?_WHERE_
id_=_?';
```

● 編集内容を保存する

1 ファイルの作成をはじめる　`update.php`

編集内容の保存ページは、「update.php」という名前でファイルを新しく作成します。これまでどおり

`<?php`と入力して❶、$user、$passでデータベースのユーザー名とパスワードを入力します❷。

```
001 <?php
002 $user_=_'●●●';
003 $pass_=_'●●●';
```

| 1 | <?phpタグを入力 |
| 2 | ユーザー名とパスワードを変数として入力 |

2 各項目の値を変数に代入する

まずは条件判定でidが受け取れなかったときに、エラーを表示するようにします。idのみGETで受け取っているので、注意してください。idを変数に格納した後、続けて$_POSTで受け取った値を項目ごとに変数に格納します。ここは201ページと同じですね。文字列で問題ない料理名と作り方の項目は、それ

ぞれキーを指定して、同じ名前の変数に代入します。文字型ではデータベースに登録できない、IDとカテゴリ、難易度、予算は数値型に変換しなければいけません。(int)を使って値を数値型に変換してから、それぞれの変数に代入しましょう❶。

```
004 if_(empty($_GET['id']))_{
005 ____echo_'IDを正しく入力してください。';
006 ____exit;
007 }
008 $id_=_(int)$_GET['id'];
009 $recipe_name_=_$_POST['recipe_name'];
010 $howto_=_$_POST['howto'];
011 $category_=_(int)$_POST['category'];
012 $difficulty_=_(int)$_POST['difficulty'];
013 $budget_=_(int)$_POST['budget'];
```

| 1 | それぞれの項目を変数に代入 |

3 データベースに接続する

次に、データベースに接続しましょう。try〜catch
構文を入力して、データベースの接続処理を続けて
入力します。今まで作成したファイルからコピーして

しまってもかまいません。204ページと同じ内容を
入力しましょう❶。

```
014 try_{
015 ____$dbh_=_new_PDO('mysql:host=localhost;dbname=db1;charset=utf8',_
     $user,__$pass);
016 ____$dbh->setAttribute(PDO::ATTR_ERRMODE,_PDO::ERRMODE_EXCEPTION);
```

1 データベースとの接続を入力

4 UPDATEのSQLを入力する

UPDATEを使って、受け取ったidのレシピの編集内
容が保存されるように設定します。まず$sqlという
変数にUPDATE recipesと入力します❶。続いてSET
と入力してカラム名と値を順番に指定しましょう。
値の部分はプレースホルダとして?と入力しておきま

す❷。最後にWHEREでidの値を指定します。値に
もプレースホルダを使用します❸。SQLの準備がで
きたら、$stmtという変数でprepareでデータベース
にセットします❹。

1 $sqlにUPDATE文を入力　　**2** SETでフィールドと値を入力

```
017 ____$sql_=_'UPDATE_recipes_SET_recipe_name_=_?,_category_=_?,_
     difficulty_=_?,_budget_=_?,_howto_=_?_WHERE_id_=_?';
018 ____$stmt_=_$dbh->prepare($sql);
```

4 $stmtで$sqlをデータベースにセット　　**3** WHEREでidの値を指定

5 | プレースホルダの値を指定して、データベースの操作を実行する

続いて、手順5で指定したプレースホルダにどんな値が入るのかを指定して、$stmtにセットします。bindValueを利用した書式は205ページと同じです。idの指定も忘れずに追加します。手順5で入力した順番に何番目の?かを指定します。さらに手順2、3で作成した対応する変数をそれぞれ入力しましょう

❶。これでプレースホルダの値を指定できたので、最後に$stmtにexcuteをセットして実行しましょう❷。これでデータベースへの値の挿入が実行されるので、$dbh = null;と入力してデータベースとの接続を終了します❸。

```
019     $stmt->bindValue(1, $recipe_name, PDO::PARAM_STR);
020     $stmt->bindValue(2, $category, PDO::PARAM_INT);
021     $stmt->bindValue(3, $difficulty, PDO::PARAM_INT);
022     $stmt->bindValue(4, $budget, PDO::PARAM_INT);
023     $stmt->bindValue(5, $howto, PDO::PARAM_STR);
024     $stmt->bindValue(6, $id, PDO::PARAM_INT);
025     $stmt->execute();
026     $dbh = null;
```

2 excuteでデータベースの操作を実行

1 bindValueでプレースホルダの値を指定

3 $dbh = nullで接続を終了

6 | 画面にメッセージを表示する

ここでもレシピデータが更新されたことがわかるように、画面上にメッセージを表示しましょう。「ID:○○レシピの更新が完了しました。」と表示されるようにします。画面への表示にはこれまでと同じく、echoを使います。○○に表示される値は、$idの値

を使用します。変数の表示にはhtmlspecialcharsでセキュリティー対策しておくことも忘れてはいけません❶。echoで表示する文章は「ID:」「$idの値」「のデータの更新が完了しました。」の3つに分かれるので. (ピリオド) で接続しておきましょう。

```
027         echo 'ID: ' . htmlspecialchars($id,ENT_QUOTES) . 
    'レシピの更新が完了しました。';
028 }
```

1 echoでメッセージを入力

7 エラー時の表示を入力する

これでtry部分の内容はすべて入力できたので}で閉じておきます。最後にcatch部分でエラー発生時の表示を入力します①。内容は206ページと同じでか

まいません。ここもコピー&ペーストしてしまいましょう。これでプログラムの入力は完了です。

1 catch部分の処理を入力

```
028 } catch (PDOException $e) {
029     echo 'エラー発生: ' . htmlspecialchars($e->getMessage(),
        ENT_QUOTES) . '<br>';
030     exit;
031 }
```

8 データを編集して保存できた

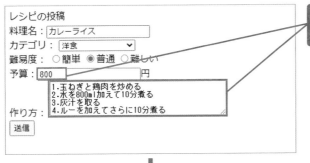

入力フォームで予算と作り方の項目を編集した

ID: 1レシピの更新が完了しました。

これでレシピの編集内容をデータベースに保存できるようになりました。レッスン46で作成したページで送信ボタンをクリックすると、左のような画面が表示されて編集内容が保存されます。phpMyAdminの[表示]画面でテーブル「recipes」を表示すると、レシピの編集内容が反映されているのが確認できます。

このレッスンの内容は、ほとんど今までのレッスンで学んだことでしたね。すでにレッスンを進めた皆さんは、今までの知識を組み合わせることによって、さまざまな処理を作成するようになっているはずです。理解できない部分が残っていれば、前のレッスンに戻って、再度理解を深めましょう。

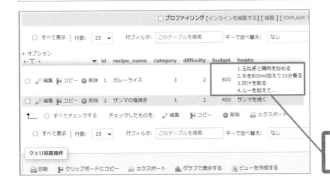

入力フォームで編集した項目の内容がデータベースに反映された

Lesson 48 ［各機能とのリンク］

トップページから
各機能にリンクしましょう

**このレッスンの
ポイント**

ここまでレシピの入力、一覧、変更、削除など、レシピアプリとしてひととおりの機能を作成してきました。しかし、現時点ではid番号を付けたURLを直接ブラウザに入力しなければなりません。そこで、レシピの**一覧ページから各機能にリンクする形で画面を整えましょう**。

➔ 一覧ページをトップページとして設定する

トップページには、レッスン36〜37で作成した一覧ページ（list.php）を使います。そこに下図のようにレシピの新規登録（add.php）、詳細（detail.php）、変更（edit.php）、削除（delete.php）の各機能への

リンクを設定していきます。list.phpはファイル名をindex.phpに変更しましょう。ドキュメントルートにあるindex.phpは、ブラウザにURLを入力する際などに省略できるので便利です。

▶ トップページのイメージ

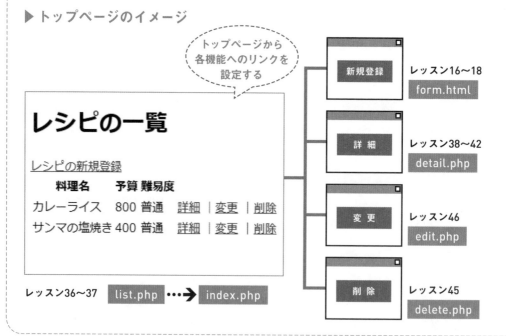

→ index.phpに各機能へのリンクを張る

これまでのレッスンでブラウザに入力していたURL
を思い出してみましょう。下表のように共通している
のはid=1のように、URLの最後にGET変数の?引数
を付けてアクセスしましたね。リンクの場合も同様
に、このid番号を付与すれば特定のレシピの詳細、
変更、削除機能にリンクできるはずです。次に
index.phpのレシピの内容を表示するコードを見て
みましょう。175ページで説明したように、$rowsの
中にはテーブルのデータが1行ずつ入っていて、idの

情報もあります。このidを利用して各機能へのリン
クを設定します。具体的には、例えばレシピの詳細
を表示するリンクは、下図のように<a href=detail.
php?id=のように詳細を表示するdetail.phpをリンク
として指定した後に、?id=と入力します。さらに、
$rowの中のidをキーに指定して.（ピリオド）で結合
することで、「<a href=detail.php?id=（レシピのid番
号）」というURLを出力できます。

▶ 各機能ページのURL

機能	URL
新規登録	http://localhost/yasashiiphp/form.html
詳細	http://localhost/yasashiiphp/detail.php?id=1
変更	http://localhost/yasashiiphp/edit.php?id=1
削除	http://localhost/yasashiiphp/delete.php?id=1

> **ⓟ POINT**
> ポート番号を変更したユーザー（59ページを
> 参照）は「http://localhost:8080/yasashiiphp/detail.
> php?id=1」のように、ポート番号を付けて入力
> してください。

▶ 配列に取得したレシピの名前を表示するコード

$rowの中にidを含んだレシピの情報が入っている

```
echo '<td>' . htmlspecialchars($row['recipe_name'],
ENT_QUOTES) . '</td>' . PHP_EOL;
```

▶ レシピの詳細へのリンクを指定するコード

detail.phpへのリンクを指定 $rowの中のidをキーに指定して.（ピリオド）で結合

```
echo '<a href="detail.php?id=' . htmlspecialchars($row['id'],
ENT_QUOTES) . '"> 詳細 </a>' . PHP_EOL;
```

これまでに学んだことを思い出しながら、
実際にコードを入力して試してみれば、
どういう仕組みかわかりますよ。

233

→ トップページへ戻るリンクを設定する

レシピの新規登録や詳細の表示、変更、削除を行った後に、トップページへ戻れた方が便利ですよね。そこで「レシピの登録が完了しました。」といったメッセージが表示された画面に、トップページへ戻るリンクを設定しましょう。

▶ トップページへ戻るイメージ

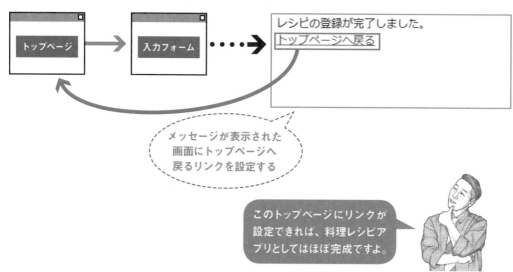

このトップページにリンクが設定できれば、料理レシピアプリとしてはほぼ完成ですよ。

👍 ワンポイント プログラミングの心得❹　マニュアルをよく調べましょう

環境やOS、アプリケーションのバージョン、プログラムの書き方など、さまざまな原因で意図した動きにならないことがあると思います。そのようなときは落ち着いて、本書やネット上で公開されている「PHPマニュアル」をよく見直し、使っている関数などについて確認してみてください。それでも問題が解消されない場合は、ネットで事象を検索してみましょう。同じ問題にぶつかっている人が見つかるかもしれませんよ。検索窓に「php.net 関数名」などとして検索するとマニュアルの該当関数のページがすぐに見つかります。

▶PHPマニュアル
http://php.net/manual/ja/

マニュアルを確認するクセを付けましょう。マニュアルに書いてある内容がわからないときは、例文を実際に入力して、実行してみましょう。動きがわかれば理解しやすいはずです。

1 HTMLのヘッダ部分と見出しを入力する

`list.php` ┈┈➜ `index.php`

まずファイルの内容を変更する前に、「list.php」の
ファイル名を「index.php」に変更しましょう。第1章
で作成した「index.html」はもう必要ないので、削

除するか、別のファイル名に変更しましょう。次に
「index.php」をエディタで開いて、HTMLのヘッダ部
分と見出し部分を入力します❶❷。

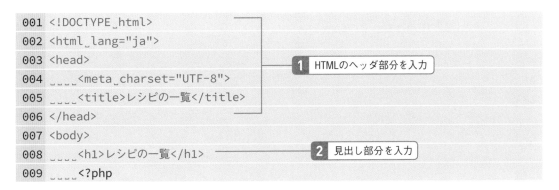

```
001 <!DOCTYPE_html>
002 <html_lang="ja">
003 <head>
004 ____<meta_charset="UTF-8">        1 HTMLのヘッダ部分を入力
005 ____<title>レシピの一覧</title>
006 </head>
007 <body>
008 ____<h1>レシピの一覧</h1>            2 見出し部分を入力
009 ____<?php
```

2 レシピの新規登録ページへのリンクを設定する

トップページからすぐにレシピを登録できるように、
画面上部にレシピの新規登録ページへのリンクを

追加しましょう。新規登録ページは「form.html」です。
リンク先に「form.html」を指定しましょう❶。

```
008 ____<h1>レシピの一覧</h1>
009 ____<a_href="form.html">レシピの新規登録</a>    1 form.htmlへのリンクを入力
010 ____<?php
```

> トップページの準備と新規登録ページの
> リンクが設定できました。ここまでは簡
> 単ですね。次のページからが本番ですよ。

3 | レシピの詳細、変更、削除へのリンクを設定する

レシピの一覧表に、詳細、変更、削除という3つの機能へのリンクを追加します。233ページで解説したように、レシピの各項目の内容を表示するコードを参考に、各機能のファイル名に?id=を追加したものをリンクとして入力します❶。次に $row の中のidを抜き出すコードを入力し、❶で入力した?id=の後に付与されるように.（ピリオド）で結合します❷。最後に画面上に表示するリンクの名前を入力し❸、ファイルを保存しましょう。

```
032            }_._"</td>"_._PHP_EOL;
033            echo_'<td>'_._PHP_EOL;
034            echo_'<a_href="detail.php?id='_._htmlspecialchars
($row['id'],_ENT_QUOTES)_._'">詳細</a>'_._PHP_EOL;
035            echo_'_|_<a_href="edit.php?id='_._htmlspecialchars
($row['id'],_ENT_QUOTES)_._'">変更</a>'_._PHP_EOL;
036            echo_'_|_<a_href="delete.php?id='_._htmlspecialchars
($row['id'],_ENT_QUOTES)_._'">削除</a>'_._PHP_EOL;
037            echo_'</td>'_._PHP_EOL;
038            echo_'</tr>'_._PHP_EOL;
```

2 $row のキーとして id を指定

```
044        exit;
045    }
046    ?>
```

1 各機能のファイル名の後に ?id= と入力

3 リンクの名前を入力

```
047 </body>
048 </html>
```

4 HTMLのフッタ部分を入力

4 | トップページから各機能へリンクできた

レシピの一覧

レシピの新規登録

料理名	予算	難易度			
カレーライス	800	普通	詳細	変更	削除
サンマの塩焼き	400	普通	詳細	変更	削除

それではブラウザで http://localhost/yasashiiphp/ と入力してみましょう。index.phpは省略できます。レシピの一覧ページに見出しと各機能へのリンクが追加され、トップページらしくなりましたね。リンクが正しく設定できているかどうか、各機能へのリンクをチェックしてみましょう。

5 | トップページへ戻るリンクを設定する

add.php　detail.php　edit.php　delete.php　update.php

最後にトップページへ戻るリンクを設定しましょう。リンクは「レシピの登録が完了しました。」などのメッセージの次の行に追加します❶。下のコードは

「add.php」の例ですが、同様にほかのファイルにもリンクを追加しましょう。

```
021 ____$dbh_=_null;
022 ____echo_'レシピの登録が完了しました。<br>';
023 ____echo_'<a_href="index.php">トップページへ戻る</a>';
```

1
を入力

2 トップページへ戻るリンクを入力

6 | トップページへ戻るリンクを設定できた

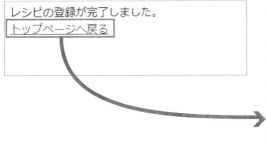

レシピの登録が完了しました。
トップページへ戻る

レシピの一覧

レシピの新規登録

料理名	予算	難易度			
カレーライス	800	普通	詳細	変更	削除
サンマの塩焼き	400	普通	詳細	変更	削除
肉じゃが	600	簡単	詳細	変更	削除

再度ブラウザでhttp://localhost/yasashiiphp/を表示し各機能を実行し、表示された「トップページへ戻る」リンクが正しく機能していることを確認しましょう。問題がなければ、ひとまず料理レシピアプリは完成です。お疲れさまでした！見た目はCSSを用意していないためシンプルなものですが、料理レシピアプリとしての機能はひととおりそろっていますよ。

レシピアプリは完成しましたが、詳細ページの「カテゴリ」と「難易度」の表示、一覧ページ（トップページ）の「難易度」の表示は数字のままですね。ここはレッスン21〜22で学んだ条件分岐を使うと日本語表記にできるのでチャレンジしてみましょう。

Lesson 49 ［設定の共通化］
共通する処理をまとめましょう

このレッスンの
ポイント

これまでの内容でレシピアプリは完成しましたが、最後にワンランク上の「効率的なプログラムの書き方」を学びましょう。プログラムでは共通する設定や処理はひとまとめにするのがよいとされています。ここではデータベース接続の設定部分を共通化してみます。

⊙ ユーザー名とパスワードの設定を共通化する

なぜ設定や処理を共通化した方がいいのでしょうか? 答えは簡単です。1つにまとめることにより、メンテナンス性が向上したり、プログラムの見通しがよくなったりするからです。データベースに接続するユーザーのパスワードを変更するたびに、複数のファイルを書き換えるのは面倒ですよね。ユーザー名とパスワードの設定を共通化しておけば、1つのファイルを変更するだけで済むわけです。レシピアプリではindex.php、add.php、detail.php、edit.php、update.php、delete.phpの6つのファイルに、それぞれデータベースの接続に必要なユーザー名とパスワードが設定されています。これを「db_config.php」という1つのファイルにまとめましょう。db_config.phpは60ページで解説したドキュメントルートより上の階層に保存してください。ドキュメントルート以下に置くと、直接アクセスした場合にファイルが見えたり、ダウンロードされたりする危険性があるからです。

▶ ファイル内容の共通化の仕組み

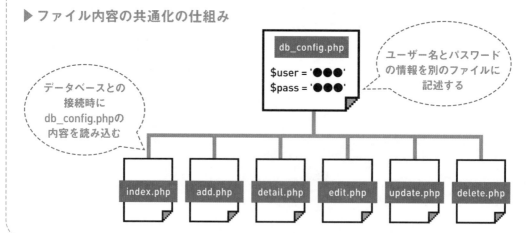

1 ユーザー名とパスワードを記述したファイルを作成する `db_config.php`

エディタを起動して新しくファイルを作成し、これ
まで同様に<?phpタグと、ユーザー名とパスワード
を変数として入力します❶。ファイル名を「db_

config.php」として「MAMP」フォルダに保存します。
これまでの「yasashiiphp」フォルダではないので注
意しましょう。

```
001 <?php
002 $user_=_'●●●';
003 $pass_=_'●●●';
```

2 外部ファイルを読み込む設定を入力する

`index.php`　`add.php`　`detail.php`　`edit.php`　`update.php`　`delete.php`

次はdb_config.phpに入力した設定を読み込む側の
コードを変更します。まず$user = '●●●';と$pass
= '●●●';の2行を削除して、その行にrequire_

once __DIR__ . '/../../db_config.php';と入力します。
下のコードは「index.php」の例ですが、残りの5つ
すべてのファイルで同様の変更を行いましょう。

```
010 <?php
011 require_once___DIR___._'/../../db_config.php';
012 try_{
```

Point　require_onceの使い方を知ろう

```
require_once___DIR___._'/../../db_config.php';
```

外部ファイルの内容を1回だけ読み込む　　　　外部ファイルのパスを記述

require_onceは、外部ファイルに記述した内
容を呼び出すときに利用する関数です。
onceは読んで字のごとく、1回だけ読み込む
という意味です。外部ファイルの内容を複

数回読み込む場合は、requireという関数を
利用します。なお、__DIR__は環境を問わず、
ファイルを実行しているフォルダを指し、こ
の場合は「yasashiphp」フォルダを指します。

レシピの一覧

レシピの新規登録

料理名	予算	難易度			
カレーライス	800	普通	詳細	変更	削除
サンマの塩焼き	400	普通	詳細	変更	削除
肉じゃが	600	簡単	詳細	変更	削除

ブラウザでhttp://localhost/yasashiiphp/を表示してこれまでの表示と何も変わらなかったら、共通化したファイルの内容で正しくデータベースに接続できている状態です。もし、ユーザーやパスワードが変更になった場合も、db_config.phpの内容を変更するだけで済むようになりました。

👍 ワンポイント 「コメント」を活用してプログラムをわかりやすくしよう

自分で書いたプログラムでも、後から見ると何をしているかわからなくなってしまうものです。また、コードを変えて動作を試してみたいけど、前に書いてあったコードも残しておきたいといったこともありますよね。そんなときは「コメント」を活用しましょう。コメント化したいコードの先頭に//（半角スラッシュを2つ）を加えるだけです。コメントの使い方は主に2つあります。まず1つ目は、コードの説明として使うケースです。コメントを書いておけば後でそのコードの処理が何を行ったかわかりやすくなり

ます。2つ目は不要になったコードの記述を残したまま、実行されないようにしておきたいケースです。これを「コメントアウト」といいます。さらに複数行にまたがるコメントを入れる場合は「/* コメントの内容 */」のように、/（スラッシュ）と*（アスタリスク）で挟むことでコメント化できます。なお、PHPのコメントは実行時に何も出力されないし、ブラウザでHTMLのソースを表示しても何も表示されません。安心して使いましょう。

▶ **コードの説明のためのコメントの例**

```
// 変数 a に 1 を代入する
$a = 1;
```

▶ **コメントアウトの例**

```
// print_r($_POST);
```

▶ **複数行のコメントの例**

```
/*
機能を追加しました。
担当：柏岡
作業日：2017/4/6
*/
```

Lesson 50

[今後の学習について]

実用的なレシピアプリを目指して
アプリの改修に挑戦しよう

このレッスンの
ポイント

ここまで長い道のりでしたが、お疲れさまでした！ データの「入力」「表示」「変更・削除」の基本的な機能がそろった料理レシピアプリが完成です！ しかし、実用的なレシピアプリにするには、まだまだ追加したほうがよい機能があるので、アプリの改修に挑戦してみましょう。

→ 料理レシピアプリに追加したい機能を考える

ここまで、第2章のレッスン14で検討した「料理レシピアプリ」の機能を1つずつ作ってきました。「この機能は実現できるか」「この機能は必要か」など、皆さんも一緒に考えながら制作を進めてきた思います。またその中で「やりたいこと」「やらなければならないこと」など、思い付いたことがあるのではないでしょうか。例えば、今後より実用的なレシピアプリを目指してアップデートしていくためには、下のような改修案が考えられます。

▶ 料理レシピアプリの改修案

・カテゴリによる絞り込み

・レシピの検索機能を追加

・レシピが増えると縦に長くなるのでページ切り替え機能を追加

・入力内容に誤りがあった場合、ユーザにわかりやすいメッセージを表示する

・デザインの見栄えをよくする

・管理者の管理画面と一般ユーザー向けの画面を区別する

実現したいアイデアを出したら、今までのレッスンで行ったように処理の流れを考えてください。その後、もし今までの知識で足りなければ、234ページで紹介したPHPマニュアルで使える関数を探しましょう。やりたいことを実現していくと、プログラミング能力が向上していきますよ。

→ バリデーションを追加しよう

改修案にある「入力内容に誤りがあった場合、ユーザにわかりやすいメッセージを表示する」を実現するには「バリデーション」を入れる必要があります。バリデートには「検証する」という意味があり、プログラミングでは条件を満たさない値を弾いて、確かな（valid）値かどうかを検証する処理のことをバリデーションといいます。例えば、アンケートフォームなどで数字を入力する項目に文字を入れるとメッセージが表示されたり、暗証番号を間違えるとログインに失敗したりするような決められた値のみを受け付ける処理が該当します。本書で作成した料理レシピアプリは、HTML側である程度入力を制限

しています。しかし、入力フォームのセレクトメニューやラジオボタンなどは、あくまで利用者が入力しやすいように入力項目を設定したにすぎません。ブラウザによっては入力項目が機能しなかったり、そもそも送信内容を簡単に改ざんできたりするため、Webでは外部から入ってくる値が絶対に安全だと信用することはできません。受け付けるべきではない値をはじいて、仕様で決められた値のみを受け付けることが大切です。料理レシピアプリを便利に、そして安全に利用するためバリデーションを追加しましょう。

▶ バリデーション

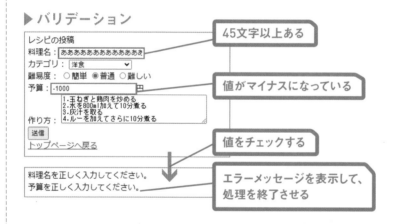

247ページで紹介している本書のサポートページで、具体的なバリデーションの入れ方を説明した付録PDFを配布しています。ぜひ挑戦してみてください！

Chapter 4

データベースと組み合わせたプログラムを作ろう

索引

本書サンプルプログラムのダウンロードについて

本書で使用しているサンプルプログラムは下記の本書サポートページからダウンロードできます。zip形式で圧縮しているので展開してからご利用ください。本書サポートページでは正誤表や刊行後のサポート情報などを掲載しています。あわせてご活用ください。

○ 本書サポートページ

https://book.impress.co.jp/books/1120101183

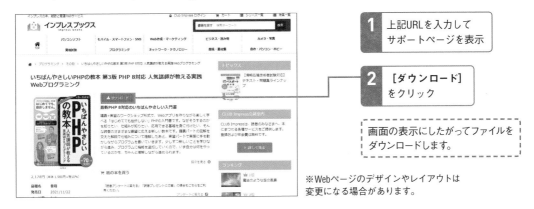

1 上記URLを入力してサポートページを表示

2 [ダウンロード]をクリック

画面の表示にしたがってファイルをダウンロードします。

※Webページのデザインやレイアウトは変更になる場合があります。

○ スタッフリスト

カバー・本文デザイン	米倉英弘（細山田デザイン事務所）
カバー・本文イラスト	東海林巨樹
撮影	蔭山一広（Panorama House）
DTP	横塚あかり（株式会社リブロワークス）
デザイン制作室	今津幸弘 鈴木 薫
編集	内形 文（株式会社リブロワークス）
編集長	柳沼俊宏

■商品に関する問い合わせ先

このたびは弊社商品をご購入いただきありがとうございます。本書の内容などに関するお問い合わせは、下記のURLまたはQRコードにある問い合わせフォームからお送りください。

https://book.impress.co.jp/info/

上記フォームがご利用頂けない場合のメールでの問い合わせ先
info@impress.co.jp

※お問い合わせの際は、書名、ISBN、お名前、お電話番号、メールアドレス に加えて、「該当するページ」と「具体的なご質問内容」「お使いの動作環境」を必ずご明記ください。なお、本書の範囲を超えるご質問にはお答えできないのでご了承ください。

● 電話やFAXでのご質問には対応しておりません。また、封書でのお問い合わせは回答までに日数をいただく場合があります。あらかじめご了承ください。
● インプレスブックスの本書情報ページ https://book.impress.co.jp/books/1120101183 では、本書のサポート情報や正誤表・訂正情報などを提供しています。あわせてご確認ください。
● 本書の奥付に記載されている初版発行日から3年が経過した場合、もしくは本書で紹介している製品やサービスについて提供会社によるサポートが終了した場合はご質問にお答えできない場合があります。

■落丁・乱丁本などの問い合わせ先
TEL 03-6837-5016　FAX 03-6837-5023
service@impress.co.jp
（受付時間／10:00～12:00、13:00～17:30 土日祝祭日を除く）
※古書店で購入された商品はお取り替えできません。

■書店／販売会社からのご注文窓口
株式会社インプレス 受注センター
TEL 048-449-8040
FAX 048-449-8041

いちばんやさしい PHP の教本 第3版 PHP8対応
人気講師が教える実践 Web プログラミング

2021 年 11 月 21 日　初版発行

著　者　　柏岡秀男、池田友子、有限会社アリウープ
発行人　　小川 亨
編集人　　高橋隆志
発行所　　株式会社インプレス
　　　　　〒 101-0051　東京都千代田区神田神保町一丁目 105 番地
　　　　　ホームページ　https://book.impress.co.jp/
印刷所　　株式会社リーブルテック

ISBN 978-4-295-01286-3 C3055
Copyright © 2021 Alleyoop Inc. All rights reserved.
Printed in Japan